作って学ぶ

HTML &
CSS

モダンコーディング

モバイルファースト＆レスポンシブなサイト作成を
ステップ・バイ・ステップでマスターする

エビスコム 著

HTML & CSS MODERN CODING

マイナビ

■サポートサイトについて

本書で解説している作例のソースコードや特典 PDF は、下記のサポートサイトから入手できます。

https://book.mynavi.jp/supportsite/detail/9784839977115.html

はじめに

「レスポンシブ Web デザイン」という言葉が生まれてから 10 年がたちました。今では、Web ページを制作する上で当然のように意識しなければならない存在です。

この間に HTML&CSS も大きく進化しました。
ところが、IE（Internet Explorer）という存在のために、新たに登場した HTML&CSS が活躍する場は限られました。特に「レスポンシブ Web デザイン」に関する変化は、非常に緩やかなものとなりました。

しかし、IE の終わりが見えたことで、Web コーディングの世界が再び大きく動き始めています。
新しい HTML&CSS が自由に使えるようになったことで、コーディングのスタイルが変化し、使われる HTML や CSS も変化を始めています。
「レスポンシブ Web デザイン」周辺への影響は大きく、選択肢が増えたことで実現できることが増え、また、その方法も非常にシンプルになっています。

そこで本書では、新しい HTML&CSS に沿った形で「レスポンシブ Web デザイン」を見直し、ページを作成しながらさまざまな選択肢を比較検討していきます。

サンプルのページを作成するばかりでなく、ページを実現するためのバリエーションを増やして、これからの Web 制作に活用していただければと思います。

本書について

***

本書では、次の Web ページをモバイルファースト＆レスポンシブで、ステップ・バイ・ステップ
で作成していきます。

Top Page

トップページ

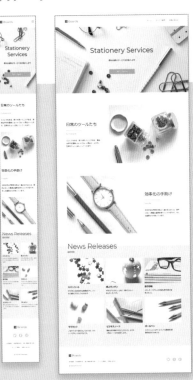

Contents Page

コンテンツページ

Navigation

ナビゲーション

Web ページはパーツ単位で作成し、章ごとに 1 つのパーツを完成させていきます。
各章は次のような構成になっています。

＋ 作成するパーツの概要

作成するパーツの概要をまとめています。

作成するパーツ。

パーツのレイアウトを実現するCSS
（Flexbox、CSS Grid、Positionなど）
の選択肢。

ここではどの選択肢を
選択するのか、どうして
それを選択するのかを
解説。

今回はこちら
で設定

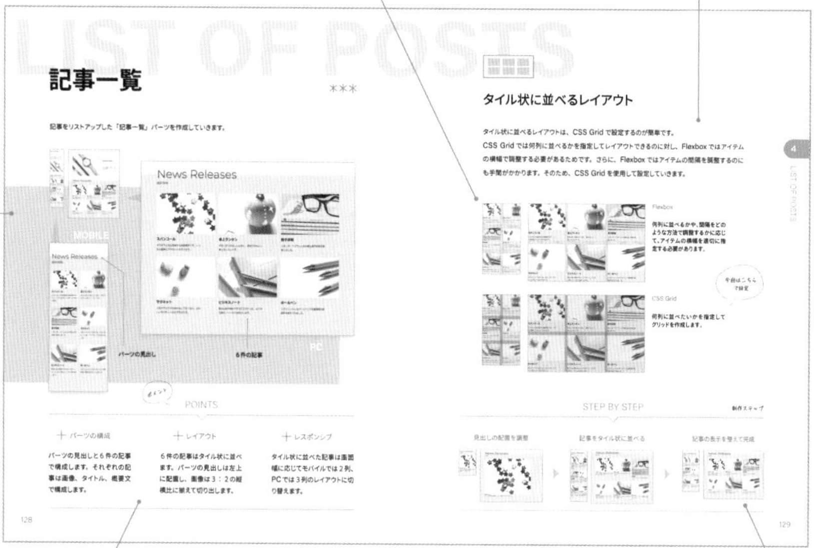

パーツの構成、レイアウト、
レスポンシブのポイント。

パーツの作成手順。

5

ABOUT THIS BOOK

✛ パーツはこう表示したい

パーツの詳細をまとめています。

パーツを構成する
テキストや画像の
詳細です。

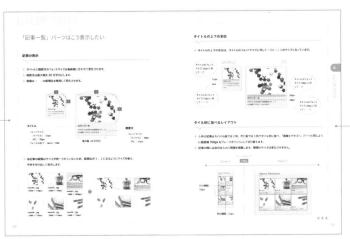

色、フォントなど、
デザインカンプに
相当する情報をま
とめています。

✛ 制作ステップ

ステップ・バイ・ステップで制作していきます。

制作ステップ。

ステップごとの
完成形。

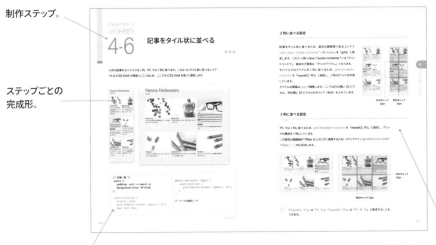

ステップで追加するコード。
赤や青などの色を付けて示しています。

追加したコードについての解説。

＋ パーツのレイアウトを実現するCSSの選択肢とバリエーション

章末には、パーツのレイアウトを実現する CSS の選択肢と
そのバリエーションをまとめています。

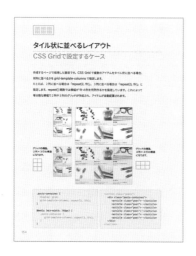

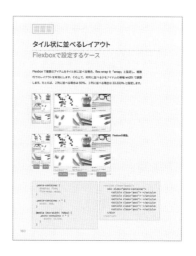

使用するHTML&CSSと対応ブラウザ

作成する Web ページでは、本書執筆時点で主要
ブラウザの最新版が対応した HTML&CSS を使用
しています。

Chrome　Android　Safari　iOS Safari　Firefox　Edge

※IE（Internet Explorer）対応は行いません

もくじ

***

Introduction　イントロダクション

Setup　下準備

Chapter 1　ヘッダー

Chapter 2　ヒーロー

Chapter 3　画像とテキスト

CONTENTS

Chapter 4　記事一覧

Chapter 5　フッター

Chapter 6 　記事

Chapter 7 　プラン＆フッター

CONTENTS

Chapter 8　ナビゲーション

ダウンロードデータ

作成する Web ページや使用する画像素材はダウンロードデータに収録してあります。

サポートサイト

https://book.mynavi.jp/supportsite/detail/9784839977115.html

GitHub

https://github.com/ebisucom/html-css-modern-coding/

本書で使用したHTML&CSSの簡易リファレンスPDFや、作例のAdobe XDデータも収録。

「Code」をクリックして、「Download ZIP」を選択。

Introduction
イントロダクション

HTML&CSS
MODERN CODING

レスポンシブWebデザインとは

＊＊＊

現在の Web ページでは当たり前となった「レスポンシブ Web デザイン（レスポンシブ）」。異なる特性を持つデバイスに合わせて１つのページのレイアウトを変化させ、適した形で表示することを指します。

多種多様なデバイスがありますが、主なデバイスの種類と特性は次のようになっています。

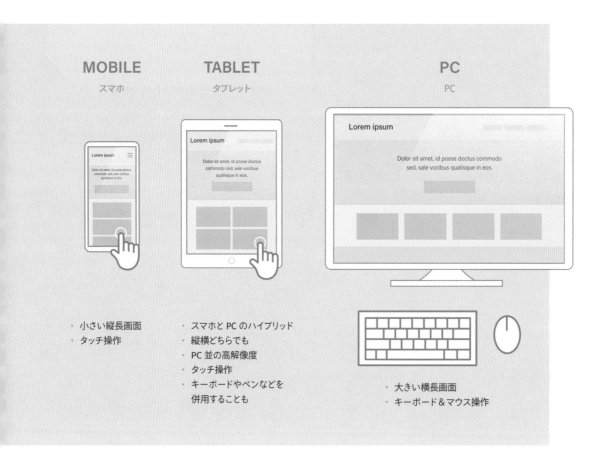

MOBILE
スマホ

TABLET
タブレット

PC
PC

- 小さい縦長画面
- タッチ操作

- スマホと PC のハイブリッド
- 縦横どちらでも
- PC 並の高解像度
- タッチ操作
- キーボードやペンなどを
  併用することも

- 大きい横長画面
- キーボード＆マウス操作

レスポンシブ以前

もともと、スマホが登場したばかりの頃の Web ページは PC 向けに作るものでした。スマホ
向けにはデバイスごとに専用のページを用意したり、出力内容を変えて対応するケースが主流で
した。

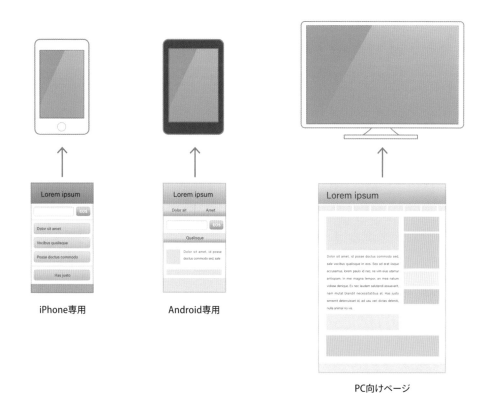

iPhone専用　　　　　Android専用

PC向けページ

しかし、上の方法ではデバイスの種類が増えるに従ってページ制作の負担が増大します。さらに、
Google が 1 つのページで多様なデバイスに対応することを推奨したこともあり、「レスポンシ
ブ」が主流になっていきます。

> (!) Google の検索エンジンでのペナルティ対象として、同じ内容のページが複数あって関
> 係性を明示していないケースや、スマホと PC で表示内容が極端に異なるケースなどが
> 示唆されたのも「レスポンシブ」への移行を後押ししました。

レスポンシブ黎明期

レスポンシブも、最初の頃は PC 版を縮小表示したり、PC 版の構成要素をすべて縦に並べるだけだったり、といった形で対応するケースが多く見られました。

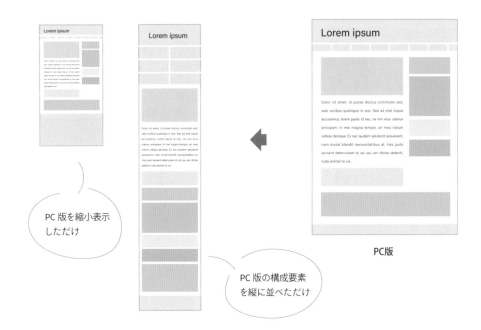

PC 版を縮小表示しただけ

PC 版の構成要素を縦に並べただけ

PC版

しかし、スマホで閲覧するユーザーが多くなるにつれて、PC 版をベースにしたレスポンシブでは「文字が小さすぎて読みづらい」、「情報の構造がわかりにくい」、「不要なものが多すぎる」 など、総じて 「閲覧しにくい」 という問題が出てきます。

現在のレスポンシブ

スマホでの問題を解決するため、新たに生まれた考え方が 「**モバイルファースト**」 です。モバイルファーストでは PC よりもスマホでの使い勝手や UX （ユーザーエクスペリエンス） を優先して情報・コンテンツの設計を行い、それに基づいてページの制作を行います。
本来の意味とは異なるものの、コーディングにおいても設定がシンプルになることから、スマホ版から作っていくことを 「モバイルファースト」 と呼ぶようになります。

さらに、Google が「モバイルフレンドリー」という基準を設け、ページをスマホに最適化することが求められるようになりました。

その結果行き着いたのが、「伝えたいコンテンツを上から順に並べる」というシンプルな構造の**ワンカラムレイアウト**です。

コンテンツを上から順に見ていけばよいため、縦スクロールしやすいスマホのデバイス特性ともマッチし、閲覧しやすくなります。コンテンツ重視の「コンテンツファースト」で考えることにもつながり、情報の構造もわかりやすくなります。

PC 版もワンカラムにすればレスポンシブの対応もシンプルになります。異なるデバイスで閲覧されても基本的な構造が同じなので、ユーザーを迷わせることもありません。

こうした数多くのメリットから、現在ではワンカラムレイアウトが主流となっています。

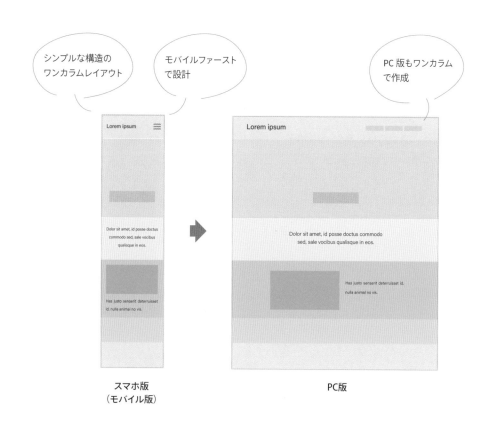

シンプルな構造の
ワンカラムレイアウト

モバイルファースト
で設計

PC 版もワンカラム
で作成

スマホ版
（モバイル版）

PC版

ワンカラムレイアウトの特徴

✳✳✳

現在のワンカラムレイアウトでは、表示が単調になるのを防ぎ、情報の構造を明確に伝えるため、コンテンツのまとまり（セクション）を視覚的にわかりやすくデザインするのが主流です。
そのため、セクションごとに

＋ 大きい余白を入れる
＋ 画像を入れる
＋ 背景の色を変える
＋ 画像や背景を画面の横幅いっぱいに表示する

といったデザインが取り入れられ、セクションの区切りを明確にするケースが多く見られます。

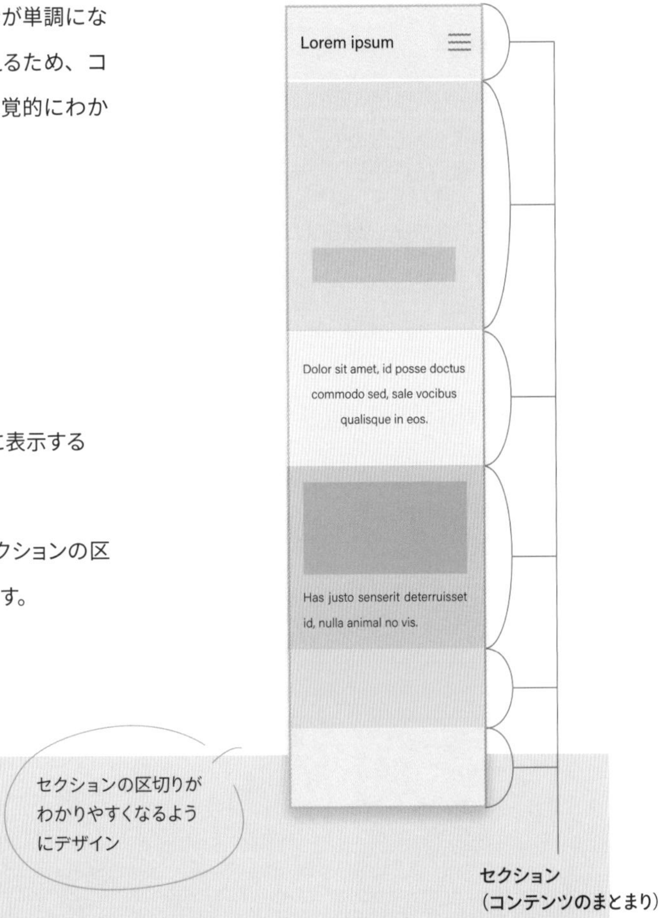

Lorem ipsum

Dolor sit amet, id posse doctus commodo sed, sale vocibus qualisque in eos.

Has justo senserit deterruisset id, nulla animal no vis.

セクションの区切りが
わかりやすくなるよう
にデザイン

セクション
（コンテンツのまとまり）

ONE COLUMN LAYOUT

その結果として、画面幅に応じたレイアウトの変更はセクション単位となり、ページ全体の構造はワンカラムのままです。

スマホ版
（モバイル版）

PC版

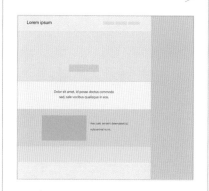

より大きい画面ではワンカラムの横にサイドバーを追加表示するといったケースもあります。

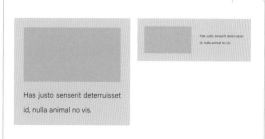

セクションの中身を PC の画面幅に合わせてそのまま大きくすると、大きくなりすぎるという問題が出てきます。そのため、PC では小さくして横に並べるケースが多く見られます。横並びのコントロールには Flexbox や CSS Grid が使用されます。

ワンカラムレイアウトのコーディング

＊＊＊

ワンカラムレイアウトでは、コーディングにおいてもセクションを 1 つのパーツとして考え、パーツ単位で作成するようになってきています。こうした作り方をしておくと、

＋ コンテンツの構造に応じてパーツを組み合わせてページを形にできるようになる
＋ パーツごとにデザインをアレンジしやすくなる
＋ パーツを再利用しやすくなる

といったメリットがあります。そうして作成したパーツは React などでも扱いやすくなりますので、将来的にもさまざまな形で活用していけます。

なお、各パーツはレスポンシブに対応させ、どこででも使えるようにするため、横幅を固定せず、可変幅での作成を考えるようになっています。

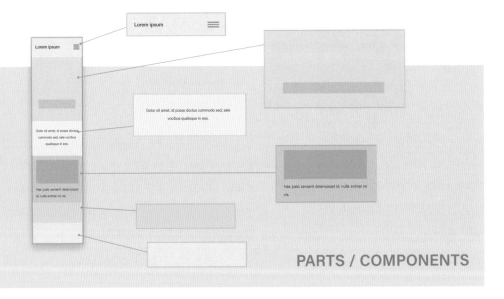

PARTS / COMPONENTS

本書で作成するページの場合

本書でも、コンテンツのまとまりである「セクション」を1つのパーツと考え、その組み合わせでトップページとコンテンツページを作成していきます。各ページは次のようなパーツで構成しています。

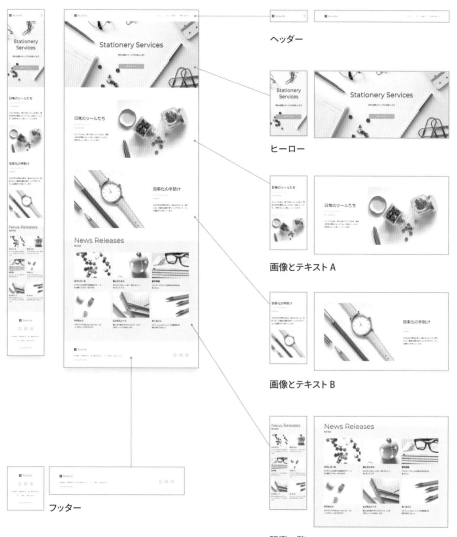

TOP PAGE トップページを構成するパーツ

ヘッダー

ヒーロー

画像とテキストA

画像とテキストB

フッター

記事一覧

CONTENTS PAGE コンテンツページを構成するパーツ

ヘッダー

記事

プラン

フッター

コーディングで使用するHTML&CSSについて

パーツを実現するための HTM&CSS の組み合わせは、数多くあります。どの組み合わせを選択するかは、

+ 見た目が整えば十分
+ 将来的な変更を考慮して選択する
+ サイト全体のスタイルに合わせて選択する

など、制作者の考え方しだいです。本書では将来的な変更の可能性や、設定や管理のことを考え、パーツごとに使用する組み合わせを検討しながら制作を進めます。

これからのレスポンシブWebデザインで重要なCSS

✳✳✳

これまで、レスポンシブ Web デザインを実現するために使用される CSS はメディアクエリが中心でした。しかし、これからはメディアクエリに加えて、次のような最新の CSS が重要になってきています。

+ メディアクエリ
+ レイアウト（Flexbox / CSS Grid）
+ CSS 関数

メディアクエリ

メディアクエリ @media を利用すると画面幅に応じて CSS を適用できるため、ブレークポイントを用意してレイアウトを切り替える際には欠かせないものとなっています。さらに、デバイスの入力方法（タッチ操作かどうか）なども判別できるようになっています。

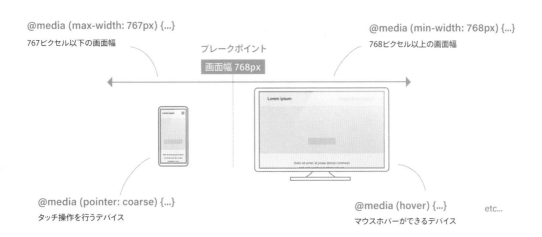

@media (max-width: 767px) {...}
767ピクセル以下の画面幅

ブレークポイント
画面幅 768px

@media (min-width: 768px) {...}
768ピクセル以上の画面幅

@media (pointer: coarse) {...}
タッチ操作を行うデバイス

@media (hover) {...}
マウスホバーができるデバイス

etc...

レイアウト

レイアウトのコントロールには Flexbox に加えて、CSS Grid も活用されるようになっています。Flexbox が軸に沿ってアイテムを並べるのに対し、CSS Grid は行列に沿ってアイテムを並べるものとなっており、目的に応じて使い分けます。

それぞれ、メディアクエリなしでレイアウトを変化させることもできますし、メディアクエリと組み合わせてより複雑なレイアウトを実現することも可能です。

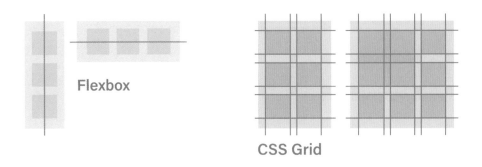

CSS関数

CSS 関数はプロパティの値として使用できるもので、与えられた値などに応じて特定の処理結果を返します。CSS 関数を活用すると、これまでは手間がかかっていたレイアウトのコントロールをよりシンプルに実現できるようになります。

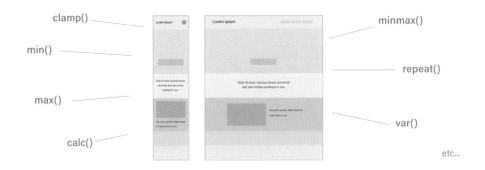

本書でも、こうした CSS を使いこなしながらページを作成していきます。

Setup
下準備

1 HTMLとCSSのファイルを準備する

✳✳✳

ページを作成していくため、まずは HTML と CSS のファイルを準備します。ここでは「web」フォルダを作成し、トップページとなる「index.html」、コンテンツページとなる「content.html」、CSS の設定を記述する「style.css」の 3 つのファイルを保存します。各ページで使用する画像ファイルは「img」フォルダに保存します。

トップページから作成していくため、index.html には HTML の、style.css には CSS の基本設定を記述します。各ファイルはエンコードの種類を「UTF-8」にして保存します。

```html
<!DOCTYPE html>
<html lang="ja">
<head>
    <meta charset="UTF-8">
    <meta name="viewport" content="width=device-width">
    <title>Boards</title>

    <link href="style.css" rel="stylesheet">
</head>
<body>

</body>
</html>
```
index.html

```css
@charset "UTF-8";
```
style.css

HTMLの基本設定

index.html に記述した HTML の基本設定は次のようになっています。

`<!DOCTYPE html>`	DOCTYPE宣言。HTMLで記述したページであることを明示しています。
`<html>`	ルート要素。lang属性で日本語（ja）のページであることを明示しています。
`<head>`	`<head>`内にはページに関する情報を記述していきます。
`<meta charset="UTF-8">`	ファイルのエンコードの種類を「UTF-8」と明示しています。
`<meta name="viewport" content="width=device-width">`	デバイスに合わせた画面サイズ（ビューポートサイズ）でページを表示するように指定しています。レスポンシブでは必須の設定です。
`<title>`	ページのタイトルを指定。ここでは「Boards」と指定しています。
`<link>`	style.cssを読み込むように指定しています。
`<body>`	`<body>`内にはページに表示するコンテンツを記述していきます。

CSSの基本設定

style.css に記述した CSS の基本設定は次のようになっています。

`@charset "UTF-8";`	ファイルのエンコードの種類を「UTF-8」と明示しています。

画像ファイル

「img」フォルダには次の画像ファイルを保存しています。

※画像ファイルはダウンロードデータに収録してあります。

2 Webフォントを準備する

✳✳✳

作成するページでは、欧文のテキストを「Montserrat」というフォントで表示するようにしていきます。

Montserratで表示したい
箇所の1つ。

このフォントは Google Fonts で提供されていますので、Web フォントとしてページで使用できるようにしておきます。ここでは、Montserrat の太さ「Light 300」と「Regular 400」を使用するのに必要な設定を追加しています。

```html
<!DOCTYPE html>
<html lang="ja">
<head>
    <meta charset="UTF-8">
    <meta name="viewport" content="width=device-width">
    <title>Boards</title>

    <link rel="preconnect" href="https://fonts.gstatic.com">
    <link href="https://fonts.googleapis.com/css2?family=Montserrat:wght@300;400&display=swap" rel="stylesheet">

    <link href="style.css" rel="stylesheet">
</head>
<body>

</body>
</html>
```

index.html

Google Fontsの設定

フォントを使用するために必要な設定は、Google Fonts のサイトから次の手順で取得します。

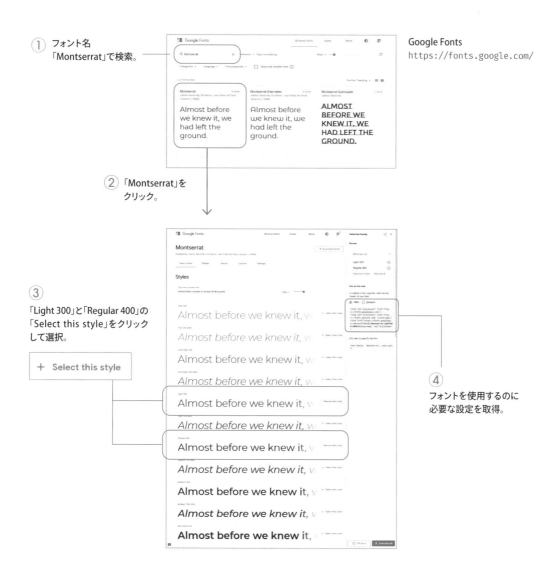

① フォント名
「Montserrat」で検索。

Google Fonts
https://fonts.google.com/

② 「Montserrat」を
クリック。

③
「Light 300」と「Regular 400」の
「Select this style」をクリック
して選択。

④
フォントを使用するのに
必要な設定を取得。

SETUP

29

3 アイコンを準備する

✳✳✳

作成するページでは、ハンバーガーメニューや SNS メニューを Font Awesome のアイコン
で表示するようにしていきます。そのため、Font Awesome を使用するのに必要な設定を追
加しておきます。

アイコンで表示
したい箇所。

そのため、Font Awesome のアイコンを使用するのに必要な設定を追加しておきます。

```
<!DOCTYPE html>
<html lang="ja">
<head>
    <meta charset="UTF-8">
    <meta name="viewport" content="width=device-width">
    <title>Boards</title>

    <link rel="preconnect" href="https://fonts.gstatic.com">
    <link href="https://fonts.googleapis.com/css2?family=Montserrat:wght@300;400&display=sw
ap" rel="stylesheet">

    <link href="https://use.fontawesome.com/releases/v5.15.3/css/all.css"
    integrity="sha384-SZXxX4whJ79/gErwcOYf+zWLeJdY/qpuqC4cAa9rOGUstPomtqpuNWT9wdPEn2fk"
    crossorigin="anonymous" rel="stylesheet">

    <link href="style.css" rel="stylesheet">
</head>
<body>

</body>
</html>
```

ここではバージョン
5.15.3の設定を使用。

index.html

Font Awesomeの設定

アイコンを使用するのに必要な設定は、Font Awesome の下記のページで取得できます。ただし、このページを閲覧するためには Font Awesome のアカウントが必要です。

Font Awesome CDN
https://fontawesome.com/account/cdn

バージョンを選択。

設定を取得。

(!) 自動更新などの最新機能を含んだ設定を使用することもできます。その場合、下記ページを開き、「kit」と呼ばれる設定を作成して使用します。なお、kit はアカウントに紐付けされた設定となります。

Your Kits
https://fontawesome.com/kits

(!) アイコンのデータは下記からダウンロードして使用することもできます。アカウントは不要です。

Hosting Font Awesome Yourself
https://fontawesome.com/v5.15/how-to-use/on-the-web/setup/hosting-font-awesome-yourself

Font Awesomeのサイトからダウンロードした
データに含まれるフォルダを設置。

設置したフォルダ内のCSSファイルを
読み込んで使用します。

S E T U P

4

Chromeのデベロッパーツール
を準備する

***

本書では、作成するページの表示確認にブラウザの Chrome
を使用します。さらに、特定の画面サイズでの表示や、ボックス、
Flexbox、CSS Grid の構造を確認するため、Chrome の
デベロッパーツールを活用していきます。

> Chrome
> https://www.google.com/intl/ja/chrome/

特定の画面サイズでの表示を確認する

本書では、モバイル版は 375 ピクセル、PC 版は 1366 ピクセルの画面幅で表示を確認してい
きます。特定の画面サイズで表示を確認するためにはデベロッパーツールを開き、次の手順で
画面サイズを指定します。

③ 画面サイズを指定。　　　　　② 「Toggle device toolbar」　　　① メニューから[その他のツール＞
　　　　　　　　　　　　　　　　　　　　ボタンをクリック。　　　　　　　　　デベロッパーツール]を選択。

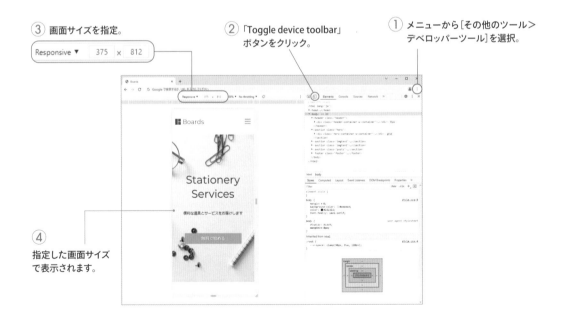

④

指定した画面サイズ
で表示されます。

(!) モバイル版の 375 ピクセルは、iPhone 6 〜 8 / X / XS などの画面幅です。

(!) PC 版の 1366 ピクセルは、iPad Pro 12.9 インチを横向きにしたときの画面幅です。

ボックスの構造を確認する

デベロッパーツールの「要素の確認ツール」を選択して画面上の要素にカーソルを重ねると、
要素が構成するボックスの構造を確認できます。

② カーソルを重ねた要素の
ボックスの構造が表示されます。

① 要素の選択ツールを選択。

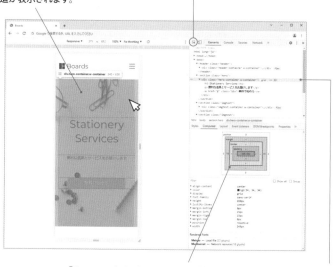

「Computed」タブではボックスの構造
の詳細（マージンのサイズなど）を確認
できます。

「Elements」タブのHTMLコードで要素
にカーソルを重ねることでも、ボックス
の構造が表示されます。

ボックスの構造 （ボックスモデル）

HTML でマークアップした要素はボックスを構成します。
ボックスはマージン、ボーダー、パディング、コンテンツで
構成され、右のような構造になります。CSS では「ボッ
クスモデル」と呼ばれ、レイアウトやデザインの調整に使
用します。

FlexboxとCSS Gridの構造を確認する

ボックスの並びや配置をコントロールできるFlexboxやCSS Gridは、現在のWebページ制作では欠かすことのできない機能です。デベロッパーツールではFlexboxやCSS Gridの構造も確認できます。

① FlexboxやCSS Gridを使用している要素（フレックスコンテナ／グリッドコンテナ）に表示された「flex」、「grid」ボタンをオン。

② FlexboxやCSS Gridの構造が表示されます。

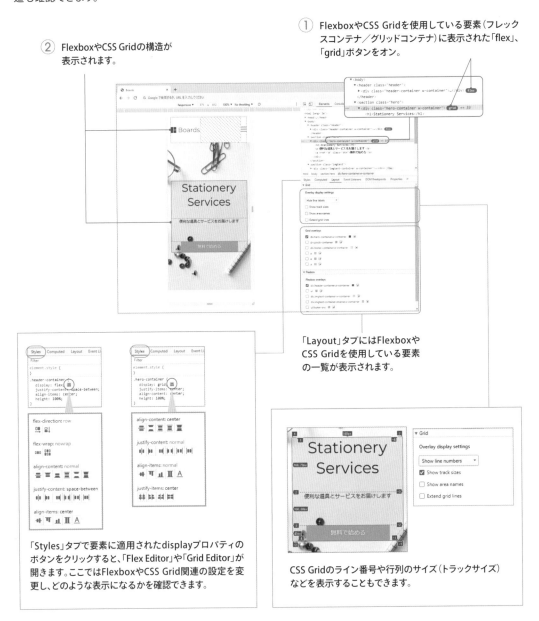

「Layout」タブにはFlexboxやCSS Gridを使用している要素の一覧が表示されます。

「Styles」タブで要素に適用されたdisplayプロパティのボタンをクリックすると、「Flex Editor」や「Grid Editor」が開きます。ここではFlexboxやCSS Grid関連の設定を変更し、どのような表示になるかを確認できます。

CSS Gridのライン番号や行列のサイズ（トラックサイズ）などを表示することもできます。

Chapter

1

ヘッダー

HTML&CSS
MODERN CODING

HEADER

ヘッダー

***

ページの上部に表示する「ヘッダー」パーツを作成していきます。

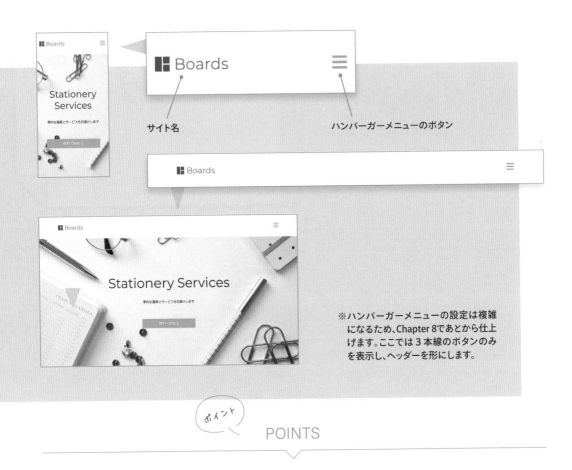

サイト名　　　　　　　　　　　　　　　　　　　　ハンバーガーメニューのボタン

※ハンバーガーメニューの設定は複雑になるため、Chapter 8 であとから仕上げます。ここでは 3 本線のボタンのみを表示し、ヘッダーを形にします。

POINTS

＋ パーツの構成

ヘッダーはサイト名とハンバーガーメニューのボタンで構成し、白色のバーの形にします。

＋ レイアウト

ヘッダー全体は画面の横幅いっぱいに表示。サイト名とボタンは横並びにして両端に配置します。

＋ レスポンシブ

サイト名とボタンは常に両端に配置。ただし、広がりすぎないように横幅と左右の余白を調整します。

両端に配置するレイアウト

サイト名とボタンを両端に配置するレイアウトは、Flexbox と CSS Grid のどちらを使ってもさまざまなパターンが考えられます。代表的なものとしては以下のようなものがありますが、ここではアイテムが増えても対処しやすい Flexbox を使った方法を選択します。

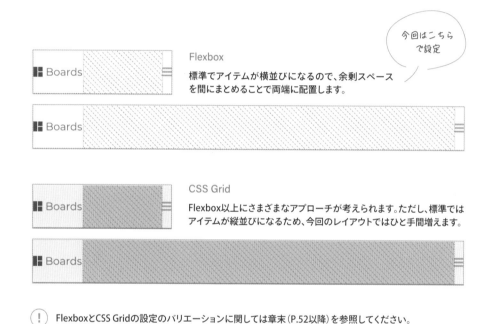

今回はこちらで設定

Flexbox
標準でアイテムが横並びになるので、余剰スペースを間にまとめることで両端に配置します。

CSS Grid
Flexbox以上にさまざまなアプローチが考えられます。ただし、標準ではアイテムが縦並びになるため、今回のレイアウトではひと手間増えます。

(!) FlexboxとCSS Gridの設定のバリエーションに関しては章末（P.52以降）を参照してください。

STEP BY STEP   制作ステップ

ヘッダーをバーの形で表示

Boards

サイト名とボタンを両端に配置

Boards

サイト名とボタンの表示を整えて完成

Boards

「ヘッダー」パーツはこう表示したい

サイト名とボタンの表示

＋ サイト名は SVG フォーマットのロゴ画像（logo.svg）をオリジナルサイズの 135 × 26 ピクセルで表示します。

＋ ボタンには Font Awesome の 3 本線のアイコン（bars）を表示します。

＋ レスポンシブでも表示サイズは変化させません。

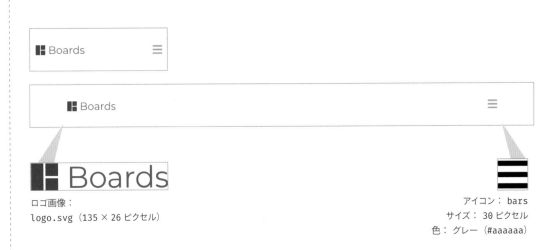

ロゴ画像：
logo.svg（135 × 26 ピクセル）

アイコン： bars
サイズ： 30 ピクセル
色： グレー（#aaaaaa）

ⓘ SVG 画像のオリジナルサイズの確認

SVG 画像のオリジナルサイズを確認するためには、SVG ファイルをテキストエディタなどで開き、
<svg> の width／height 属性の値または viewbox 属性の値を確認します。

```
<svg … width="135" height="26">
  …
```

```
<svg … viewBox="0 0 135 26">
  …
```

(!) アイコンの検索と設定の取得

Font Awesome のアイコンは下記のページで検索します。アイコンを表示するのに必要な設定もここから取得できます。

使いたいアイコンを検索してクリック。

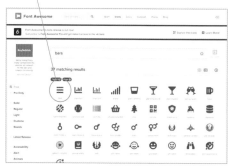

Icons（バージョン 5.15.x 系で使用できるアイコン）
https://fontawesome.com/v5.15/icons

アイコンを表示するのに必要な `<i>` の設定をコピーしておきます。

サイト名とボタンの配置

+ サイト名とボタンは横並びにしてヘッダーの両端に配置します。縦方向は中央揃えにします。
+ レスポンシブでも並びは変化させません。

横方向は両端揃え

縦方向は中央揃え

✳✳✳

横幅と左右の余白

╀ サイト名とボタンは、画面幅が 375px のときに横幅が 345 ピクセル、左右の余白が 15 ピクセルになるよ
うに設定します。

╀ レスポンシブではこのサイズを基準に、画面幅に合わせて横幅と左右の余白の両方を変化させます。そのた
め、サイズは％に換算して指定することを考えます。

╀ 横幅は大きくなりすぎるのを防ぐため、最大幅を 1166 ピクセルにします。

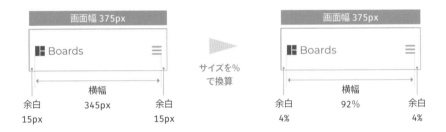

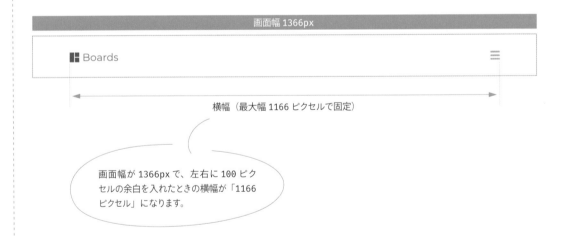

ヘッダー全体

+ ヘッダー全体は白色のバーの形にして常に画面の横幅いっぱいに表示します。

+ 少し太めのバーにするため、高さは 112 ピクセルにします。レスポンシブでも高さは変化させません。

どうやって実現するか

以上を実現するため、ここではヘッダー全体（白色のバー）を構成するボックスと、サイト名と
ボタンの配置や横幅をコントロールするボックスの 2 重構造にして作成していきます。

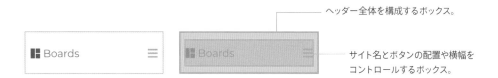

ヘッダー全体を構成するボックス。

サイト名とボタンの配置や横幅を
コントロールするボックス。

✳✳✳

1-1　ヘッダーをマークアップする

＊＊＊

ヘッダーを構成する「サイト名」と「ボタン」を追加し、マークアップして表示します。

サイト名とボタンが表示されます。

サイト名を含んだロゴ画像：
logo.svg（135×26ピクセル）

Font Awesomeの3本線のアイコン：
bars

```
...
<body>

<header class="header">
    <div class="header-container">
        <div class="site">
            <a href="index.html">
                <img src="img/logo.svg"
                    alt="Boards"
                    width="135" height="26">
            </a>
        </div>

        <button class="navbtn">
            <i class="fas fa-bars"></i>
            <span class="sr-only">MENU</span>
        </button>
    </div>
</header>

</body>
```

index.html

ヘッダー全体　<header class="header">

ヘッダー全体は <header> でマークアップし、ページ上部に表示する「ヘッダー」であること
を明示しています。クラス名は「header」と指定し、他のパーツと区別できるようにしています。
2重構造の外側のボックスとなります。

(!)　クラス名の付け方にはさまざまな考え方がありますが、ここではパーツを表した簡素な
　　名称で指定していきます。

コンテナ　<div class="header-container">

<header> 内にはヘッダーの中身であるサイト名やボタンの配置をコントロールするための <div> を用意しています。この <div> には Flexbox や CSS Grid の設定を適用し、フレックスコンテナやグリッドコンテナを構成して配置をコントロールしていくことになるため、コンテナとしてクラス名を「header-container」と指定しています。
２重構造の内側のボックスとなります。

サイト名　<div class="site">

サイト名として <img> でロゴ画像（logo.svg）を表示しています。そのため、alt 属性ではサイト名を「Boards」と指定し、検索エンジンやスクリーンリーダーなどにもサイト名が伝わるようにしています。
width と height 属性では画像のオリジナルサイズの横幅と高さを指定し、レイアウトシフトが発生するのを防ぎます。レイアウトシフトについては P.168 を参照してください。

<a> ではトップページ（index.html）へのリンクを設定し、全体はサイト名として <div class="site"> でマークアップしています。

ボタン　<button class="navbtn">

ボタンは <button> で作成します。このボタンはあとからナビゲーションメニューを表示するのに使用するため、クラス名を「navbtn」と指定しています。
ボタン内には Font Awesome の３本線のアイコン（bars）を表示します。アイコンを表示する設定 <i class="fas fa-bars"></i> は P.39 の手順で取得します。

さらに、スクリーンリーダー用に「MENU」というテキストも追加し、<span class="sr-only"> でマークアップしています。クラス名「sr-only」は Font Awesome に用意された設定で、このクラスを適用すると画面上には表示されなくなります。

1-2

ヘッダーをバーの形にする

***

ヘッダーを白色のバーの形にします。ここではわかりやすいように、ページの背景色をグレーにして設定しています。

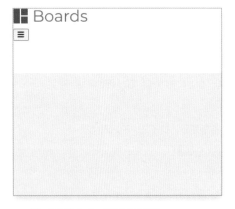

ヘッダーが白色のバーの形になります。

```
@charset "UTF-8";

/* 基本 */
body {
    margin: 0;
    background-color: #eeeeee;
}

/* ヘッダー */
.header {
    height: 112px;
    background-color: #ffffff;
}
```

style.css

ページの基本設定

ページの背景色は <body> の background-color でグレー（#eeeeee）に指定します。margin は「0」とし、ページのまわりに余計な余白を入れないようにします。これらはページの基本設定として、ヘッダーの設定とは分けて記述しています。

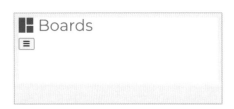

<body>のmarginを指定しなかったときの表示。標準ではブラウザが適用するUAスタイルシートによって、<body>が構成するページのまわりに余白が入ります。

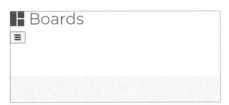

<body>のmarginを「0」にしたときの表示。
余白を削除することで、ヘッダーが画面の横幅
いっぱいに表示されます。

ヘッダーの設定

ヘッダーは白色のバーの形にして、常に画面の横幅いっぱいに表示するため、<header class
="header"> の background-color で背景色を白色（#ffffff）に指定します。ヘッダーの高
さは height で 112 ピクセルに指定しています。

横幅は指定していませんが、width の値は「auto」で処理され、親要素に合わせた横幅にな
ります。親要素は <body> なため、画面幅に合わせた横幅になります。画面幅を変え、常に
画面の横幅いっぱいに表示されることを確認しておきます。

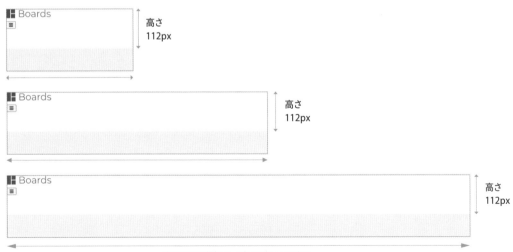

高さ
112px

高さ
112px

高さ
112px

常に画面の横幅いっぱいに表示されます。

サイト名とボタンを両端に配置する

✳✳✳

サイト名とボタンの2つのアイテムを横並びにして、ヘッダーの両端に配置します。シンプルな両端配置で、アイテムが増えても対処しやすいことから、ここではFlexboxを使って配置を指定しています。

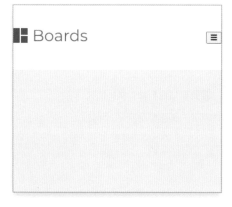

サイト名とボタンが両端に配置されます。

```
...
/* ヘッダー */
.header {
    height: 112px;
    background-color: #ffffff;
}

.header-container {
    display: flex;
    justify-content: space-between;
    align-items: center;
    height: 100%;
}
```

style.css

Flexboxを使った配置の指定

サイト名とボタンの配置をFlexboxでコントロールするため、直近の親要素であるコンテナ
<div class="header-container"> の display を「flex」と指定します。これで、サイト名とボタンが横並びになります。

「display: flex」のみを適用したときの表示。

「display: flex」を適用した <div class="header-container"> は「フレックスコンテナ」、直近の子要素（サイト名とボタン）は「フレックスアイテム」として扱われ、フレックスコンテナ内でのアイテムの配置を Flexbox でコントロールできるようになります。

P.34 のように Chrome のデベロッパーツールで Flexbox の構造を確認すると次のようになっています。

Flexboxの構造を表示したもの。

コンテナは height を「100%」と指定してヘッダー <header> に合わせた高さにし、アイテムの横方向の配置を justify-content で「space-between（両端揃え）」に、縦方向の配置を align-items で「center（中央揃え）」に指定しています。

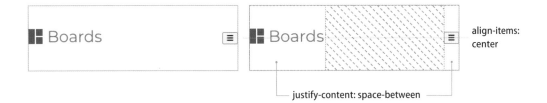

align-items: center

justify-content: space-between

コンテナの横幅はアイテムの配置を維持した状態で画面幅に合わせて変わります。Flexbox の構造を表示して画面幅を変えてみると、サイト名とボタンの間のスペースのサイズが変わっていることがわかります。

サイト名とボタンの間のスペース。

1-4 横幅と左右の余白を指定する

✳✳✳

コンテナ <div class= "header-container"> の横幅を指定し、サイト名とボタンの左右に余白が入るようにします。ただし、横幅と左右の余白は他のパーツでも同じサイズに設定したいので、「w-container」というクラス名を追加して設定を管理します。

P.40 で換算したように、横幅は width で「92%」と指定し、画面幅に合わせて横幅が変わるようにします。さらに、min() 関数を使用して最大幅を 1166 ピクセルに指定し、横幅が必要以上に大きくなるのを防ぎます。
margin は「auto」と指定し、自動的に左右に同じサイズの余白（マージン）が入るようにしています。ここでは 4% のサイズになります。

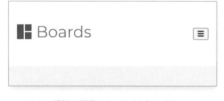

コンテナの横幅が調整され、サイト名とボタンの右に余白が入ります。

コンテナの横幅
92%

余白
4%

余白
4%

```css
/* 基本 */
body {
    margin: 0;
    background-color: #eeeeee;
}

/* 横幅と左右の余白 */
.w-container {
    width: min(92%, 1166px);
    margin: auto;
}

/* ヘッダー */
…
```
style.css

```html
<header class="header">
  <div class="header-container w-container">
    <div class="site">
      …
    </div>

    <button class="navbtn">
      …
    </button>
  </div>
</header>
```
index.html

min()関数を使用した横幅の指定

min() は比較関数の 1 つで、カンマ区切りで指定した値の中から最小になる値を返します。
min(92%, 1166px) と指定すると、92% の算出値が 1166 ピクセルより小さい場合は「92%」、
大きい場合は「1166px」が返されます。そのため、コンテナの横幅と左右の余白サイズは画面
幅に合わせて変化しますが、横幅は 1166 ピクセルより大きくなりません。

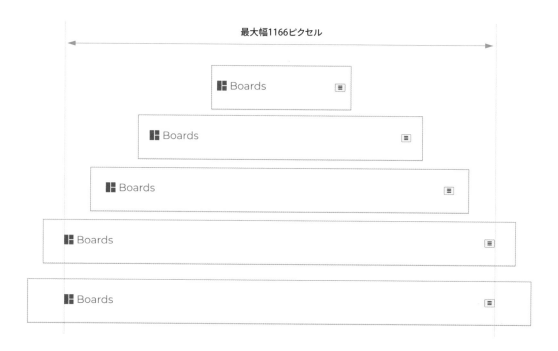

横幅と左右の余白が実際に何ピクセルになっているかは、デベロッパーツールでコンテナ <div
class="header-container"> を選択して確認できます。画面幅が 375px の場合、横幅は
345 ピクセル、左右の余白は 15 ピクセルとなります。

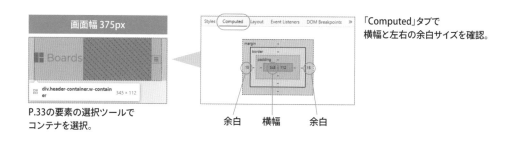

P.33の要素の選択ツールで
コンテナを選択。

「Computed」タブで
横幅と左右の余白サイズを確認。

余白　横幅　余白

1-5 サイト名とボタンの表示を整える

***

サイト名とボタンの表示を整えてヘッダーを仕上げます。ここでは画像の下に余計な余白が入るのを防ぎ、ボタンの色やサイズを調整します。

レスポンシブの表示にも問題ないことを確認したら、「ヘッダー」パーツは完成です。

サイト名とボタンの表示が整います。

```
/* 基本 */
body {
    margin: 0;
    background-color: #eeeeee;
}

img {
    display: block;
}

/* 横幅と左右の余白 */
.w-container {
    width: min(92%, 1166px);
    margin: auto;
}

/* ヘッダー */
...
```
```
.header-container {
    display: flex;
    justify-content: space-between;
    align-items: center;
    height: 100%;
}

/* ナビゲーションボタン */
.navbtn {
    padding: 0;
    outline: none;
    border: none;
    background: transparent;
    cursor: pointer;
    color: #aaaaaa;
    font-size: 30px;
}
```

style.css

画像 <img> の下に余計な余白が入るのを防ぐ

画像の下に余計な余白が入るのは、<img> が標準ではインラインブロックボックスに相当するものとして扱われるのが原因です。ここでは display を「block」と指定し、ブロックボックスを構成するように指定して余白が入るのを防いでいます。

さらに、この指定は基本設定としてすべての <img> に適用するようにしています。

画像<img>の親要素<div class="site">を選択すると、画像の下に小さな余白が入っていることがわかります。

display: block を適用すると、画像の下に入っていた余白がなくなります。

ボタン <button> の表示を整える

ボタンは 3 本線のアイコンのみを表示した形にするため、<button class="navbtn"> にブラウザが標準で適用している装飾を解除します。ここでは padding で余白、outline でアウトライン、border でボーダーを削除し、background で背景を透明に、cursor でカーソルの形状をポインターにしています。

アイコンは color で色をグレー（#aaaaaa）に、font-size でサイズを 30 ピクセルに指定しています。

ボタンの表示。　　標準のボタンの　　アイコンの色とサイズ　　カーソルを重ねるとポインター
　　　　　　　　装飾を削除。　　を調整。　　　　　　　の形状になります。

両端に配置するレイアウト

Flexboxで設定するケース（1）

作成するページで採用した設定です。2つのアイテムを両端に配置するだけなら、Flexbox を使用し、コンテナ側で justify-content を「space-between」と指定するのが簡単です。2つのアイテムは中身に合わせた横幅になり、間に余剰スペースが入ることで両端に配置された形になります。

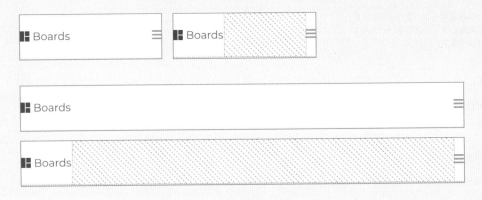

```
.header-container {
    display: flex;
    justify-content: space-between;
    align-items: center;
    height: 100%;
}
```

```
<header class="header">
    <div class="header-container">
        <div class="site">…</div>
        <button class="navbtn">…</button>
    </div>
</header>
```

ただし、アイテム数が3つ以上になると間に均等にスペースが入り、両端配置にはなりません。

このような場合は Flexbox で設定するケース（2）を使用します。

両端に配置するレイアウト

Flexboxで設定するケース（2）

Flexbox で両端に配置するレイアウトは、アイテム側のマージンで調整することもできます。たとえば、サイト名 <div class="site"> の margin-right を「auto」と指定すると、右マージンに余剰スペースが割り当てられ、両端配置の形になります。

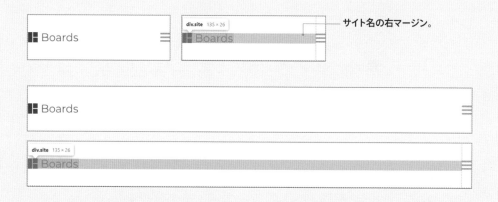

サイト名の右マージン。

```
.header-container {
    display: flex;
    align-items: center;
    height: 100%;
}

.header-container > .site {
    margin-right: auto;
}
```

```
<header class="header">
  <div class="header-container">
    <div class="site">…</div>
    <button class="navbtn">…</button>
  </div>
</header>
```

アイテム数が 3 つ以上になった場合でも、余剰スペースはサイト名の右マージンに割り当てられ、両端配置の形が維持されます。

両端に配置するレイアウト
CSS Gridで設定するケース

2つのアイテムを両端に配置するレイアウトは、CSS Grid を使用すると次のように設定できます。justify-content と align-items でアイテムの配置を指定するのは Flexbox で設定するケース（1）と同じです。ただし、Flexbox ではアイテムが標準で横並びになるのに対し、CSS Grid では縦並びになるため、grid-auto-flow を「column」と指定して横並びにしています。

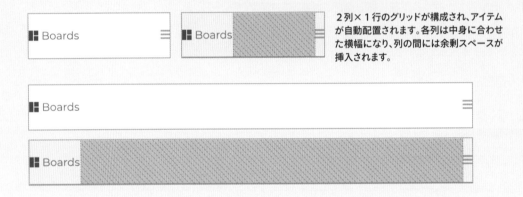

2列×1行のグリッドが構成され、アイテムが自動配置されます。各列は中身に合わせた横幅になり、列の間には余剰スペースが挿入されます。

```
.header-container {
    display: grid;
    grid-auto-flow: column;
    justify-content: space-between;
    align-items: center;
    height: 100%;
}
```

```
<header class="header">
  <div class="header-container">
    <div class="site">…</div>
    <button class="navbtn">…</button>
  </div>
</header>
```

アイテム数が3つ以上になると、各列の間に均等にスペースが入り、次のような配置になります。

アイテムが3つの場合、3列×1行のグリッドが構成されます。

このようなケースでも、CSS Grid ではコンテナ側で余剰スペースを 1 列目に割り振り、両端配置の形にできます。そのためには、grid-template-columns で 1 列目の横幅を「1fr」と指定します。2 列目以降の横幅は「auto」で処理され、中身に合わせたサイズになります。

余剰スペースが割り振られ、1 列目の横幅が大きくなります。

```css
.header-container {
    display: grid;
    grid-auto-flow: column;
    grid-template-columns: 1fr;
    align-items: center;
    height: 100%;
}
```

```html
<header class="header">
  <div class="header-container">
    <div class="site">…</div>
    <button class="searchbtn">…</button>
    <button class="navbtn">…</button>
  </div>
</header>
```

上記のレイアウトは grid-template-columns ですべての列の横幅を指定することでも実現できます。ここでは 1 列目から順に横幅を「1fr」、「auto」、「auto」と指定します。grid-auto-flow は不要になり、設定としてはシンプルになりますが、横幅を指定した列の数とアイテムの数が一致しないと予期せぬレイアウトになるケースが出てくるため、注意が必要です。

```css
.header-container {
    display: grid;
    grid-template-columns: 1fr auto auto;
    align-items: center;
    height: 100%;
}
```

```html
<header class="header">
  <div class="header-container">
    <div class="site">…</div>
    <button class="searchbtn">…</button>
    <button class="navbtn">…</button>
  </div>
</header>
```

横幅と左右の余白

widthで調整するケース

作成するページで採用した設定です。コンテナの横幅を width で 92% と指定し、左右マージンを「auto」にして中央に配置することで、画面幅に合わせて横幅と左右の余白サイズが変わるようにしています。最大幅は P.49 の min() 関数を使って 1166 ピクセルに指定しています。

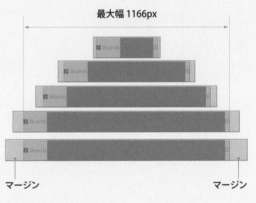

```css
.w-container {
    width: min(92%, 1166px);
    margin: auto;
}
```

```html
<header class="header">
  <div class="header-container w-container">
    <div class="site">…</div>
    <button class="navbtn">…</button>
  </div>
</header>
```

min() 関数を使わない場合、width と max-width で次のように指定できます。

```css
.w-container {
    width: 92%;
    max-width: 1166px;
    margin: auto;
}
```

widthとmax-widthで指定
した設定。

横幅と左右の余白

paddingで調整するケース

widthで調整するケースではコンテナ側の横幅を管理することで余白を実現していたのに対し、
コンテナの左右パディング（padding）を使用すると余白サイズを直接調整することができます。
ただし、コンテナの最大幅は max-width で指定します。

左右の余白サイズを 4% に、最大幅を 1166 ピクセルに指定すると次のようになります。コンテ
ナが最大幅で表示された場合には、パディングの不足分をマージンが補う形になります。

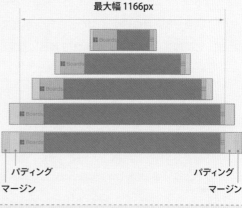

```
.w-container {
    max-width: 1166px;
    margin: auto;
    padding-left: 4%;
    padding-right: 4%;
}
```

```
<header class="header">
    <div class="header-container w-container">
        <div class="site">…</div>
        <button class="navbtn">…</button>
    </div>
</header>
```

この設定では、最大幅で表示されるまでは左右の余白を固定サイズにすることもできます。

```
.w-container {
    max-width: 1166px;
    margin: auto;
    padding-left: 15px;
    padding-right: 15px;
}
```

左右の余白サイズを15ピク
セルに指定した設定。

横幅と左右の余白
CSS Gridで調整するケース

横幅と左右の余白は、CSS Grid で調整することもできます。この方法では画面の横幅いっぱいにグリッドを構成することになるため、横幅と余白の調整だけでなく、アイテムの配置調整などに活用していくことも可能です。

横幅と左右の余白を調整するためには、一番外側の <header> で3列のグリッドを作成し、2列目に子要素のコンテナ <div class="header-container"> を配置します。
ここでは grid-template-columns で2列目の横幅を「min(92%, 1166px)」に指定しています。1列目と3列目の横幅は「1fr」と指定し、余剰スペースを均等に割り振るようにしています。
コンテナの配置先は grid-column で2列目に指定しています。

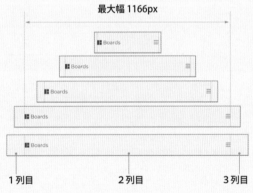

```
.grid {
    display: grid;
    grid-template-columns:
        1fr min(92%, 1166px) 1fr;
}

.grid > * {
    grid-column: 2;
}
```

```
<header class="header grid">
  <div class="header-container">
    <div class="site">…</div>
    <button class="navbtn">…</button>
  </div>
</header>
```

余白側（1列目と3列目）でサイズを調整する場合、グリッドのために用意された minmax()
関数を使って横幅が取り得る値のレンジ（最小値と最大値）を指定します。ここでは1列目と
3列目の最小値を4％に、最大値を1 fr に指定しています。2列目は最小値を auto に、最
大値を1166 ピクセルに指定しています。

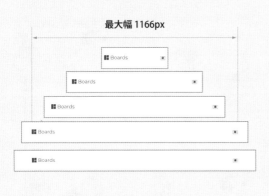

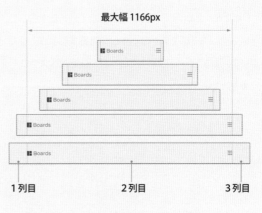

```
.grid {
    display: grid;
    grid-template-columns:
        minmax(4%, 1fr)
        minmax(auto, 1166px)
        minmax(4%, 1fr);
}

.grid > * {
    grid-column: 2;
}
```

```
<header class="header grid">
    <div class="header-container">
        <div class="site">…</div>
        <button class="navbtn">…</button>
    </div>
</header>
```

(!) min() でも指定できそうに思えますが、min() では「1fr」や「auto」を指定することは
できません。

(!) 一方、前ページの min() を minmax() にしても期待した結果にはなりません。たとえば、
各列の横幅を「1fr minmax(92%, 1166px) 1fr」と指定しても、画面幅375 ピクセル
ではレンジが 345 〜 1166 ピクセルになり、2列目の横幅が画面幅と同じ375 ピクセ
ルになってしまいます。

ヘッダーを画面上部に固定するレイアウト

position:stickyで設定するケース

Chapter 2 以降でヘッダーに続くパーツを作成して
いくと、ページをスクロールして閲覧するようになり
ます。すると、ヘッダーもいっしょに画面外へスクロー
ルされていきます。

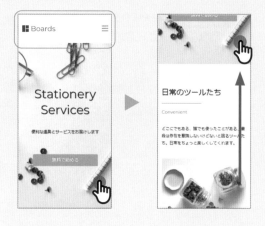

ヘッダーを画面上部に固定し、スクロールしないよう
にするためには、<header class="header"> の
position を「sticky」と指定します。
top では画面の上から内側に「0」の距離にヘッダー
の上辺を揃えて固定するように指定しています。

ページをスクロールすると後続のパーツと重なるた
め、z-index を「10」と指定し、ヘッダーが上にな
るようにしています。

固定

画面に対して固定するだけ
であればP.295の「position:
fixed」でも実現できますが、
ページをロードした段階で
後続のパーツと重なります。
さらに、中身に合わせた横幅
になります。

```
.header {
    position: sticky;
    top: 0;
    z-index: 10;
}
```

Chapter

2

ヒーロー

HTML&CSS
MODERN CODING

HERO
ヒーロー

✳✳✳

メインビジュアルとなる「ヒーロー」パーツを作成していきます。

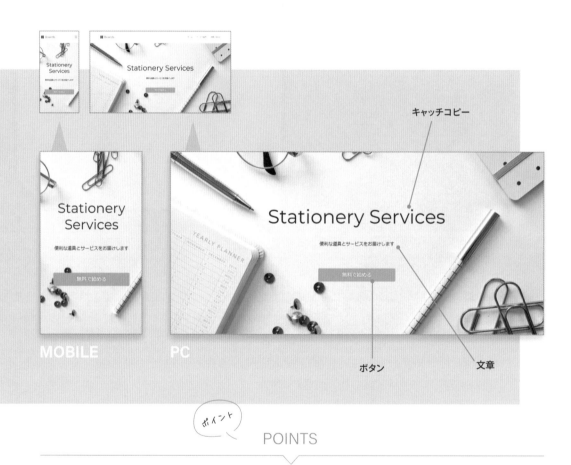

MOBILE　　PC

キャッチコピー

ボタン　　文章

ポイント

POINTS

✚ パーツの構成

大きな画像（ヒーローイメージ）と、キャッチコピー、文章、ボタンの 3 つのテキストアイテムで構成します。

✚ レイアウト

画面の横幅いっぱいにヒーローイメージを表示し、3 つのテキストアイテムを重ねて縦横中央に配置します。

✚ レスポンシブ

テキストは常に縦横中央に配置。キャッチコピーのフォントサイズは画面幅に合わせて変化させます。

縦横中央に配置するレイアウト

縦横中央に配置するレイアウトは、Flexbox と CSS Grid のどちらを使っても同じように設定できます。大きな違いはありません。

ただし、ヒーローはさまざまな形にデザインされるパーツです。「複雑なデザインになっても臨機応変に対応しやすい」ということまで考慮した結果、ここでは CSS Grid を使用して配置を設定していきます。

Flexbox

標準ではアイテムが横並びになるので、縦並びに変更して縦横中央に配置。

今回はこちらで設定

CSS Grid

アイテムは標準で縦並びになるので、そのまま縦横中央に配置。

STEP BY STEP 制作ステップ

ヒーローイメージを表示

テキストを縦横中央に配置

テキストの表示を整えて完成

「ヒーロー」パーツはこう表示したい

テキストの表示

+ キャッチコピーは P.28 で設定した欧文フォント「Montserrat」で表示します。

+ ボタンの背景とテキストの色はそのままではコントラストが低いため、テキストに影（シャドウ）をつけます。

+ カーソルを重ねたときのホバーエフェクトではボタンの色合いを少し暗くします。

+ キャッチコピーのフォントサイズは画面幅に合わせて変化させます。

基本設定

・ フォント：閲覧環境にあるゴシック系のフォント
・ 色： 黒（#222222）

キャッチコピー

・ フォント： Montserrat
・ フォントサイズ
　（モバイル）：48px
　（PC）：68px
・ フォントの太さ： Regular（400）
・ 行の高さ：1.3

文章

・ フォントサイズ： 16px
・ フォントの太さ： Regular（400）
・ 行の高さ：1.8

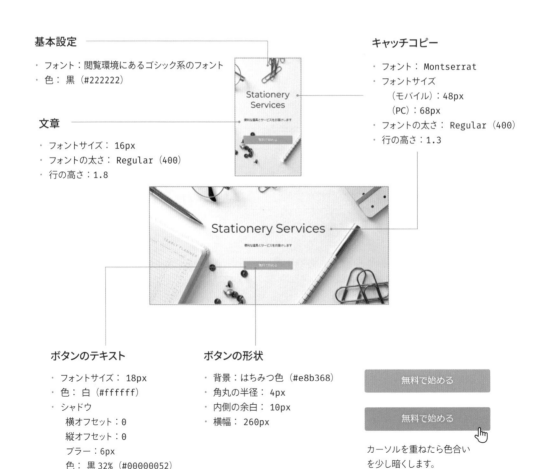

ボタンのテキスト

・ フォントサイズ： 18px
・ 色： 白（#ffffff）
・ シャドウ
　横オフセット：0
　縦オフセット：0
　ブラー：6px
　色： 黒32%（#00000052）

ボタンの形状

・ 背景：はちみつ色（#e8b368）
・ 角丸の半径： 4px
・ 内側の余白： 10px
・ 横幅： 260px

無料で始める

無料で始める

カーソルを重ねたら色合い
を少し暗くします。

テキストの間隔

+ テキストの間には次のように余白を入れます。
+ 画面幅に合わせて余白サイズを変えることはありません。

42px

72px

テキストの配置

+ テキストは常にヒーローの縦横中央に配置します。

縦横中央

✳✳✳

テキストの左右の余白

＋ テキストの左右には余白を入れ、画面幅を変えたときにテキストが画面の横幅いっぱいに表示されるのを防ぎます。

＋ この余白はヘッダーで左右に入れた余白とサイズを揃えます。

左右の余白がないときの表示。画面幅によってはテキストが画面の横幅いっぱいに表示されます。

左右に余白を入れたときの表示。

ヒーロー全体

＋ ヒーロー全体は常に画面の横幅いっぱいに表示します。

＋ 高さは 650 ピクセルに設定します。ヘッダーと合わせたサイズ（112 ＋ 650 ＝ 762px）が iPhone X や iPhone 12 の高さ（812 〜 844px）より少し小さくなるぐらいのサイズにしています。

画面幅

画面幅

高さ
650px

ヘッダーと
合わせた高さ
762px

ヒーローイメージ

╋ ヒーローイメージ（hero.jpg）は全体のサイズに合わせて中央を切り出して表示します。

ヒーローイメージ：
hero.jpg（1600 × 1200px）

どうやって実現するか

以上を実現するため、ヘッダーと同じようにヒーロー全体を構成するボックスと、テキストの配置をコントロールする「コンテナ」ボックスを用意し、２重構造にして作成していきます。

ヒーロー全体を
構成するボックス

テキストの配置をコントロールする
「コンテナ」ボックス。

＊＊＊

CHAPTER 2
HERO
2-1　ヒーローをマークアップする

***

ヒーローを構成するテキスト（キャッチコピー、文章、ボタン）を追加し、マークアップして表示します。

キャッチコピー、文章、ボタンが表示されます。

```
...
</header>

<section class="hero">
    <div class="hero-container w-container">
        <h1>Stationery Services</h1>
        <p> 便利な道具とサービスをお届けします </p>
        <a href="#"> 無料で始める </a>
    </div>
</section>

</body>
```

index.html

ヒーロー全体　<section class="hero">

ヒーロー全体は <section> でマークアップし、1つのコンテンツのまとまり（セクション）であることを明示しています。クラス名は「hero」と指定し、他のパーツと区別できるようにしています。

2重構造の外側のボックスとなります。

コンテナ　<div class="hero-container">

<section> 内にはテキストの配置をコントロールする <div> を用意し、コンテナとしてクラス名を「hero-container」と指定しています。コンテナの左右にはヘッダーのときと同じサイズの余白を入れるため、P.48 で作成したクラス名「w-container」も指定しています。２重構造の内側のボックスとなります。

ヘッダーのコンテナ
<div class="header-container w-container">

ヘッダーとヒーローのコンテナの<div>をデベロッパーツールで選択すると、「w-container」クラスの指定によって横幅と左右の余白が同じサイズになっていることがわかります。

ヒーローのコンテナ
<div class="hero-container w-container">

キャッチコピーと文章　<h1> <p>

キャッチコピーは、ページ内の最上位階層の見出しとして <h1> で、文章は段落を構成するテキストの１つとして <p> でマークアップしています。

ボタン　<a>

ボタンはクリックしてリンク先のページを開くものにするため、<a> でマークアップし、href 属性でリンク先を指定しています。ここでは仮のリンク先を「#」と指定しています。

(!) ヘッダーのボタンは <a> ではなく、<button> で作成しました。こちらは「リンク先を開く」ためのものではなく、「クリックしてメニューを開く」といった機能を持たせるためのものだからです。

CHAPTER 2
HERO
2-2 ヒーローイメージを表示する

***

ヒーローの高さを 650 ピクセルにして、ヒーローイメージを表示します。また、余計な余白を削除する設定も追加しています。

ヒーローイメージが表示されます。

```
@charset "UTF-8";

/* 基本 */
body {
    margin: 0;
    background-color: #eeeeee;
}

h1, h2, h3, h4, h5, h6, p {
    margin: 0;
}

img {
...

/* ナビゲーションボタン */
.navbtn {
```

```
    padding: 0;
    outline: none;
    border: none;
    background: transparent;
    cursor: pointer;
    color: #aaaaaa;
    font-size: 30px;
}

/* ヒーロー */
.hero {
    height: 650px;
    background-image: url(img/hero.jpg);
    background-position: center;
    background-size: cover;
}
```

標準で挿入される余白の削除

<h1> や <p> の上下には、ブラウザが適用する UA スタイルシートによって標準で余白（マージン）が挿入されます。この余白は見出しや段落の間に余白を入れ、テキストコンテンツの最低限の見栄えを整えるためのものです。しかし、ヒーローのようなパーツでは思わぬところに余白が入る一因となることが多々あります。

たとえば、余白を削除しなかった場合、<h1> の上マージンが影響してヘッダーとヒーローの間に余白が入ってしまいます。こうした影響を防ぐため、ここでは 6 段階のすべての見出し <h1>～ <h6> と段落 <p> の margin を「0」と指定し、余計な余白が入らないようにしています。

余白を削除していないときの表示。
<h1>の上マージンでヘッダーとヒーローの間に余白が入ります。

余白を削除したときの表示。

ヒーローイメージの表示

ヒーローイメージ（hero.jpg）は画面の横幅いっぱいに表示するため、<section class="hero"> の背景画像として表示します。

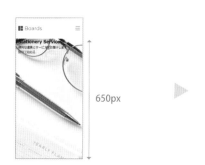

heightで高さを650ピクセルに指定し、
background-imageで背景画像を表示。

background-positionで
画像の中央を切り出し。

background-sizeで<section>
に合わせたサイズに調整。

CHAPTER 2

HERO

2-3 テキストを縦横中央に配置する

***

テキスト（キャッチコピー、文章、ボタン）の3つのアイテムを縦並びの状態で縦横中央に配置するため、CSS Grid で配置を指定します。

ヒーローの縦横中央にテキストが配置されます。

```
...
/* ヒーロー */
.hero {
    height: 650px;
    background-image: url(img/hero.jpg);
    background-position: center;
    background-size: cover;
}

.hero-container {
    display: grid;
    justify-items: center;
    align-content: center;
    height: 100%;
}

.hero h1 {
    margin-bottom: 42px;
}

.hero p {
    margin-bottom: 72px;
}
```

style.css

CSS Gridを使った配置

テキストの配置を CSS Grid でコントロールするため、直近の親要素であるコンテナ <div class="hero-container"> の display を「grid」と指定します。

これで <div class="hero-container"> は「グリッドコンテナ」、直近の子要素は「グリッドアイテム」として扱われ、グリッドコンテナではグリッドアイテムの数に合わせて 1 列 × 3 行のグリッドが作成されます。グリッドアイテムは行列が構成する各セルに自動配置されます。

コンテナは height を「100%」と指定してヒーロー <section class="hero"> に合わせた高さにし、justify-items と align-content でテキストを縦横中央に配置しています。

グリッドコンテナ

 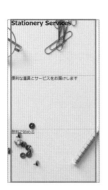  

| display: gridを適用。1 列 × 3 行のグリッドにテキストが自動配置されます。 | height: 100%でヒーローに合わせた高さに設定。各行の高さも大きくなります。 | align-content: centerを適用。3 つの行がグリッドコンテナの縦方向中央に配置されます。 | justify-items: centerを適用。グリッドアイテムが各列の横方向中央に配置されます。 |

テキストの間隔

キャッチコピー <h1> と文章 <p> の下には margin-bottom で 42 ピクセルと72 ピクセルのマージン（余白）を入れ、間隔を調整しています。

(!) 間隔が同じ場合は P.124 の gap を使用するのが簡単です。ここでは間隔が異なるため、<h1> と <p> の下マージンで調整しています。

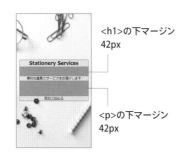

<h1>の下マージン
42px

<p>の下マージン
42px

キャッチコピーと文章の表示を整える

***

キャッチコピー <h1> と文章 <p> の表示を整えます。ただし、キャッチコピー <h1> のフォントサイズはモバイル用のサイズ（48 ピクセル）に設定し、画面幅に合わせて PC 用のサイズに変える設定は次のステップで行います。

 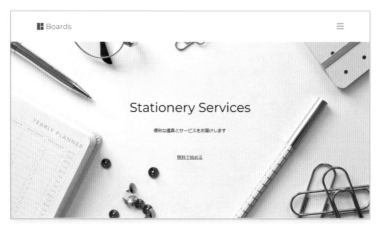

キャッチコピーと文章の表示が整います。

```
/* 基本 */                              …
body {
    margin: 0;                         .hero h1 {
    background-color: #eeeeee;             margin-bottom: 42px;
    color: #222222;                        font-family: "Montserrat", sans-serif;
    font-family: sans-serif;               font-size: 48px;
}                                          font-weight: 400;
                                           line-height: 1.3;
h1, h2, h3, h4, h5, h6, p {                text-align: center;
    margin: 0;                         }
}
                                       .hero p {
p {                                        margin-bottom: 72px;
    line-height: 1.8;                  }
}

img {
```

style.css

テキストの基本設定

ページ内のすべてのテキストに適用したい設定は <body> で指定します。ここでは color でテキストの色を黒色（#222222）に、font-family で閲覧環境にあるゴシック系のフォントを使用するように指定しています。

（!）　この font-family の指定がないと、macOS や iOS の Safari では明朝系のフォントで表示されます。

文章の基本設定

文章 <p> の設定もページ内のすべての文章に適用したいので、基本設定として指定します。ここでは、行の高さを line-height で「1.8」に指定しています。フォントのサイズと太さについては、ブラウザの標準設定で 16 ピクセルの Regular（400）になるため、指定を省略しています。

キャッチコピーの設定

キャッチコピー <h1> の設定はヒーローに限定して適用するため、「.hero h1」セレクタで指定します。ここでは font-family でフォントを「Montserrat」に、font-size でサイズを 48 ピクセルに、font-weight で太さを「400」に、line-height で行の高さを「1.3」に指定しています。太さを指定するのは、ブラウザの UA スタイルシートによって <h1> の標準の太さが「Bold（700）」になるためです。
なお、フォントサイズが大きくなることで小さい画面では改行が入り、そのままでは左揃えになります。STEP 2-3 で適用した「justify-items: center」は <h1> が構成するボックスを中央に配置するもので、中身のテキストの行揃えには影響しないためです。行揃えを中央揃えにするためには text-align を「center」と指定します。

text-align: center を適用していないときの表示。　text-align: center を適用したときの表示。

2-5

キャッチコピーのフォントサイズを画面幅に合わせて変化させる

✱✱✱

キャッチコピー \<h1\> のフォントサイズを画面幅に合わせて変化させます。このとき、メディアクエリで切り替える方法は使用せず、clamp() 関数を使用して 48 ピクセルから 68 ピクセルに変化させます。

ここではフォントサイズを 5vw と指定して可変にし、最小値を 48 ピクセル、最大値を 68 ピクセルに指定しています。5vw は画面幅 960px で 48 ピクセル、画面幅 1360px で 68 ピクセルになるため、キャッチコピーのフォントサイズは次のように変化します。

```
...
.hero h1 {
    margin-bottom: 42px;
    font-family: "Montserrat", sans-serif;
    font-size: clamp(48px, 5vw, 68px);
    min-height: 0vw;
    font-weight: 400;
    line-height: 1.3;
    text-align: center;
}
```

style.css

※min-heightはclamp()で指定したフォントサイズをSafariで機能させるために記述しています。

フォントサイズ 48px | 960px | フォントサイズ 5vw | 1360px | フォントサイズ 68px

フォントサイズ 48px

フォントサイズ 68px

フォントサイズをどのように変化させるか

キャッチコピーのフォントサイズは、モバイル（画面幅 375px）で 48 ピクセルに、PC（画面幅 1366px）で 68 ピクセルにしたいものの、ブレークポイントをどうするかといったことは一切決めていません。そのため、フォントサイズの設定を変えて表示を確認し、画面幅に合わせてどのように変化させるかを検討します。

まずは、フォントサイズをモバイルの 48 ピクセルに設定した状態で、画面幅を変えてみます。1000px 前後より大きい画面幅ではフォントサイズを大きくしてもよさそうです。

```
font-size: 48px;
```

画面幅 375px

画面幅 600px

画面幅 768px

画面幅 1024px

画面幅 1280px

画面幅 1366px

☐ … フォントサイズがちょうどいい画面幅

■ … フォントサイズを調整したい画面幅

フォントサイズを PC 版の 68 ピクセルにして表示を確認してみます。しかし、画面幅が 1366px より少し小さくなっただけで窮屈な印象になってしまいます。特に、テキストがヒーローイメージの左上のペンに重なるのは避けたいところです。

`font-size: 68px;`

以上を踏まえると、画面幅が 1000px 前後から 1366px になるまでの間は、フォントサイズが 48 ピクセルでは小さく、68 ピクセルでは大きいということになります。しかし、48 ピクセルと 68 ピクセルの間のフォントサイズを用意し、メディアクエリ @media でブレークポイントをいくつも作って設定していくのは手間がかかります。

そこで、画面幅に合わせて自動的にフォントサイズを変化させることを考えます。そのためには、画面幅＝ 100vw となる単位「vw」を使用します。
ここではフォントサイズ「68px」を PC 版の画面幅 1366px を基準に vw に換算したサイズ「68 ÷ 1366 × 100 ≒ 5vw 」に設定してみます。すると、画面幅に合わせてフォントサイズが変化するようになります。

```
font-size: 5vw;
```

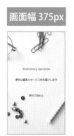
画面幅 375px

画面幅 600px

画面幅 768px

画面幅 1024px

画面幅 1280px

画面幅 1366px

画面幅 1000px 前後～ 1366px の間は 5vw のフォントサイズで問題ありません。あとは、フォントサイズが 48 ピクセル以下や 68 ピクセル以上の大きさになるのを防ぐため、clamp() 関数を使用して最小値を 48px に、最大値を 68px に指定すれば設定完了です。

```
font-size: clamp(48px, 5vw, 68px);
```

画面幅 375px

画面幅 600px

画面幅 768px

画面幅 1024px

画面幅 1280px

画面幅 1366px

2-6 ボタンの表示を整える

***

ボタン <a> の表示を整えます。ボタンは他のパーツでも使用できるようにするため、「btn」というクラス名を追加して設定しています。これで、「ヒーロー」パーツは完成です。

無料で始める

無料で始める

カーソルを重ねた
ときの表示。

```html
<section class="hero">
    <div class="hero-container w-container">
        <h1>Stationery Services</h1>
        <p> 便利な道具とサービスをお届けします </p>
        <a href="#" class="btn"> 無料で始める </a>
    </div>
</section>
```
index.html

```css
/* 基本 */
…
p {
    line-height: 1.8;
}

a {
    color: inherit;
    text-decoration: none;
}

a:hover {
    filter: brightness(90%) contrast(120%);
}

img {
…

.hero p {
    margin-bottom: 72px;
}

/* ボタン */
.btn {
    display: block;
    width: 260px;
    padding: 10px;
    box-sizing: border-box;
    border-radius: 4px;
    background-color: #e8b368;
    color: #ffffff;
    font-size: 18px;
    text-align: center;
    text-shadow: 0 0 6px #00000052;
}
```
style.css

リンクの基本設定

リンク <a> は標準ではテキストの色が青色になり、下線を付けた形で表示されます。この表示を解除するため、color を「inherit」と指定して親要素のテキストと同じ色に、text-decoration を「none」と指定して下線を削除した表示にします。この設定は基本設定とし、ページ内のすべての <a> に適用する形にしています。

リンクの標準の表示。　　　　　　　　標準の表示を解除したときの表示。

ボタンの形状

ボタンは固定幅の角丸の長方形の形にするため、width で横幅を 260 ピクセルに、padding でボタン内の余白サイズを 10 ピクセルに、border-radius で角丸の半径を 4 ピクセルに、background-color で背景をはちみつ色（#e8b368）に指定しています。
このとき、余白の 10 ピクセルは 260 ピクセルの余白に含めて処理するため、box-sizing は「border-box」と指定します。さらに、横幅や余白の指定を表示に反映させるため、display を「block」と指定しています。

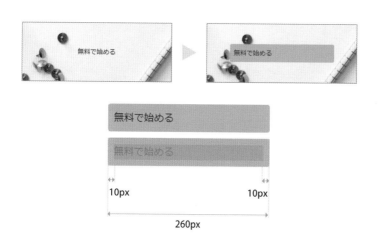

(!) リンク <a> が標準で構成するボックスの種類は「インラインボックス」で、横幅、高さ、上下マージンの指定が表示に反映されません。上下パディングは表示には反映されますが、他の要素との位置関係に影響を与えないので予期せぬ表示結果となるケースがあります。

そのため、「display: block」を適用し、構成するボックスの種類を「ブロックボックス」にして横幅などの指定が表示に反映されるようにしています。

| 無料で始める | 無料で始める |

「display: block」を適用しなかった場合。　　「display: block」を適用した場合。
横幅の指定が反映されません。　　　　　　　横幅の指定が反映されます。

なお、Flexbox や CSS Grid のアイテムになっている場合、「display: block」を適用しなくてもブロックボックスと同等の扱いになります。ヒーローのボタン <a> はグリッドアイテムになっていますので、「display: block」の指定は省略することが可能です。

ただし、ボタンの設定は他の場所でも使えるようにするため、ここでは「display: block」を適用しています。

ボタンのテキスト

ボタンのテキストは color で色を白色 (#ffffff) に、font-size でフォントサイズを 18 ピクセルに、text-align で行揃えを中央揃えに指定しています。

text-shadow ではテキストに影をつけ、コントラストを上げています。影は縦横のオフセットを 0、ブラーを 6 ピクセル、色を半透明な黒 32%（#00000052）に指定しています。

| 無料で始める | ▶ | 無料で始める |

影のない表示。　　　　　　　　　　　　　　影をつけた表示。

```
text-shadow: 0 0 6px #00000052;
```

横オフセット　　　　　　　　　　　影の色

縦オフセット　　ブラー

(!) アルファチャンネルの値を含む半透明な影の色は、8桁の16進数形式「#RRGGBBAA」
で指定しています。この値は rgba() で次のように指定することもできます。

$$\#00000052 \quad = \quad rgba(0,0,0,0.32)$$

※16進数に変換した0〜100%のアルファチャンネルの値は下記のサイトで確認できます。

#RRGGBBAA table
https://borderleft.com/toolbox/rrggbbaa/

カーソルを重ねたときの表示

カーソルを重ねたときの表示（ホバーエフェクト）では、ボタンの色合いを少し暗くします。ただし、
ボタンの色を変えて使用するケースもあるため、暗い色を直接指定するのではなく、フィルター
関数の brightness() を使用して明るさを調整します。ここでは 90% と指定して暗くしていま
すが、背景色だけでなくテキストも暗くなってしまうので、contrast() でコントラストを 120%
に上げています。

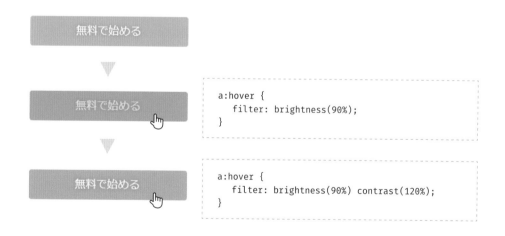

```
a:hover {
    filter: brightness(90%);
}
```

```
a:hover {
    filter: brightness(90%) contrast(120%);
}
```

この設定はあとから追加する画像やグレーのテキストリンクに対してもホバーエフェクトとして機
能するため、基本設定としてページ内のすべての <a> に適用しています。

縦横中央に配置するレイアウト

CSS Gridで設定するケース

作成するページで採用した設定です。CSS Grid で複数のアイテムを縦に並べて縦横中央に配置する場合、グリッドコンテナ側で justify-items と align-content を「center」と指定します。justify-items ではグリッドアイテムの横方向の配置を、align-content ではグリッドの縦方向の配置を指定しています。

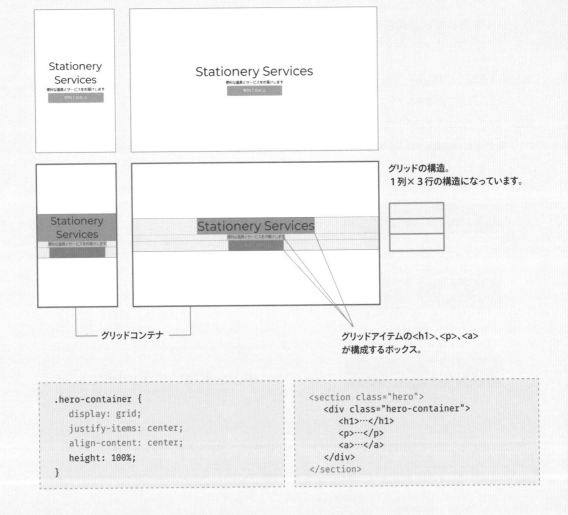

グリッドの構造。
1列×3行の構造になっています。

グリッドコンテナ

グリッドアイテムの<h1>、<p>、<a>
が構成するボックス。

```css
.hero-container {
    display: grid;
    justify-items: center;
    align-content: center;
    height: 100%;
}
```

```html
<section class="hero">
    <div class="hero-container">
        <h1>…</h1>
        <p>…</p>
        <a>…</a>
    </div>
</section>
```

justify-content や align-content は、グリッドコンテナ内でのグリッドの配置を指定します。一方、justify-items や align-items は、行列内でのグリッドアイテムの配置を指定します。組み合わせによって得られる結果が変わりますので、目的に応じて組み合わせを変えて活用します。

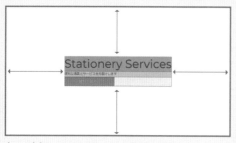

```
justify-content: center;
align-content: center;
```

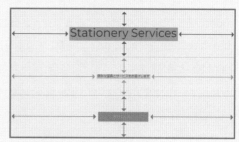

```
justify-items: center;
align-items: center;
```

縦横中央に配置するアイテムが 1 つだけの場合

justify-content と align-content の値は「place-content」で、justify-items と align-items の値は「place-items」でまとめて指定できます。そのため、アイテムが 1 つだけであれば、次のようにシンプルな設定で縦横中央に配置できます。ここでは place-items を使用していますが、place-content でも同じ表示結果が得られます。

グリッドアイテムをボタンだけにして縦横中央に配置したもの。

```
.hero-container {
    display: grid;
    place-items: center;
    height: 100%;
}
```

```
<section class="hero">
    <div class="hero-container">
        <a>…</a>
    </div>
</section>
```

縦横中央に配置するレイアウト

Flexboxで設定するケース

Flexboxで複数のフレックスアイテムを縦に並べ、縦横中央に配置することもできます。その場合、flex-direction を「column」と指定して縦並びにし、justify-content と align-items を「center」と指定します。

縦並びにした場合、justify-content では縦方向の、align-items では横方向のフレックスアイテムの配置が指定されます。

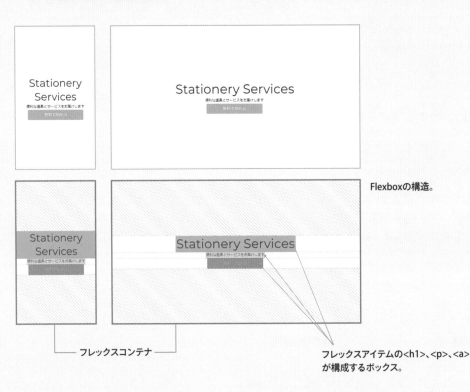

Flexboxの構造。

フレックスコンテナ

フレックスアイテムの<h1>、<p>、<a> が構成するボックス。

```
.hero-container {
    display: flex;
    flex-direction: column;
    justify-content: center;
    align-items: center;
    height: 100%;
}
```

```
<section class="hero">
    <div class="hero-container">
        <h1>…</h1>
        <p>…</p>
        <a>…</a>
    </div>
</section>
```

縦横中央に配置するアイテムが 1 つだけの場合

アイテムが 1 つだけの場合、flex-direction を指定しなくても縦横中央に配置できます。

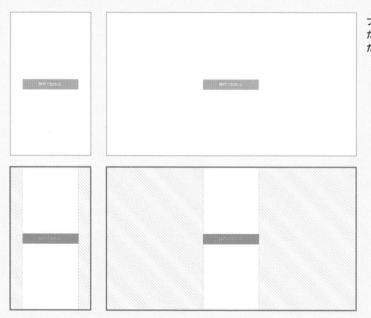

フレックスアイテムをボタンだけにして縦横中央に配置したもの。

```
.hero-container {
  display: flex;
  justify-content: center;
  align-items: center;
  height: 100%;
}
```

```
<section class="hero">
  <div class="hero-container">
    <a>…</a>
  </div>
</section>
```

(!) CSS Grid で使用できる「justify-items」は Flexbox には適用されません。
また、「align-content」を使うには flex-wrap を有効にする必要があります。

画像にテキストを重ねるレイアウト

背景画像で表示するケース

作成するページで採用した設定です。ヒーローのように画像にテキストを重ねるレイアウトは、
画像を背景画像として表示すると簡単に設定できます。ここでは <section class="hero">
の背景画像として画像を表示しています。

背景画像として画像を表示し、
テキストを重ねたもの。

```css
.hero {
    height: 650px;
    background-image: url(img/hero.jpg);
    background-position: center;
    background-size: cover;
}
```

```html
<section class="hero">
    <div class="hero-container">
        <h1>…</h1>
        <p>…</p>
        <a>…</a>
    </div>
</section>
```

ただし、background-image で表示する背景画像では、<img> のようなきめ細かなレスポ
ンシブイメージの設定や、画像を動画に置き換えて表示するといった設定は困難です。必要な
場合は <img> で表示するケースを利用します。

画像にテキストを重ねるレイアウト

<img>で表示するケース

画像にテキストを重ねるレイアウトでも、画像を <img> で表示すれば P.246 のようなレスポンシブイメージの設定を施したり、動画の <video> に置き換えて表示するといったことが可能になります。

<img> にテキストを重ねる設定は、CSS Grid を使うと簡単に設定できます。

たとえば、<section class="hero"> 内に <img> を追加し、グリッドを作成します。画像 <img> とコンテナ <div class="hero-container"> がグリッドアイテムとなりますので、grid-area で配置先を「1 / 1」と指定します。これで1列×1行のグリッドが作成され、1つのセルに画像とテキストが重ねて配置された形になります。

画像の横幅と高さは配置先に揃え、object-fit で切り出すように指定しています。

CSS Gridを使って画像<img>にテキストを重ねたもの。

```
.hero {
    display: grid;
    grid-template-rows: 650px;
}

.hero > * {
    grid-area: 1 / 1;
}

.hero > img {
    width: 100%;
    height: 100%;
    object-fit: cover;
}
```

```
<section class="hero">
    <img src="img/hero.jpg" alt="">
    <div class="hero-container">
        <h1>…</h1>
        <p>…</p>
        <a>…</a>
    </div>
</section>
```

※ヒーローの高さ（650px）はheightではなく、grid-template-rowsでグリッドの行の高さとして指定します。heightで指定した場合、画像<img>に「height: 100%」を適用してもヒーローの高さに揃わなくなります。

※「grid-area: 1 / 1」は、アイテムの配置先の行列を指定する「grid-row: 1; grid-column: 1;」を1つにまとめて記述したものです。

画面幅に合わせて変わるフォントサイズ

clamp()で設定するケース

フォントサイズを画面幅に合わせてなめらかに変化させる設定は「Fluid typography」や「Responsive font size」などと呼ばれており、vw という単位を使用します。vw は画面幅＝ 100vw となる単位です。

作成するページで採用した設定では <h1> のフォントサイズを「5vw」に指定しました。ただし、画面幅に合わせて際限なくフォントサイズが変化するのを防ぐため、clamp() 関数を使用してフォントサイズが変化する範囲を 48 〜 68 ピクセルに収めるように指定しています。
5vwは画面幅960pxで48ピクセル、画面幅1360pxで68ピクセルになるため、次のようにフォントサイズが変化します。

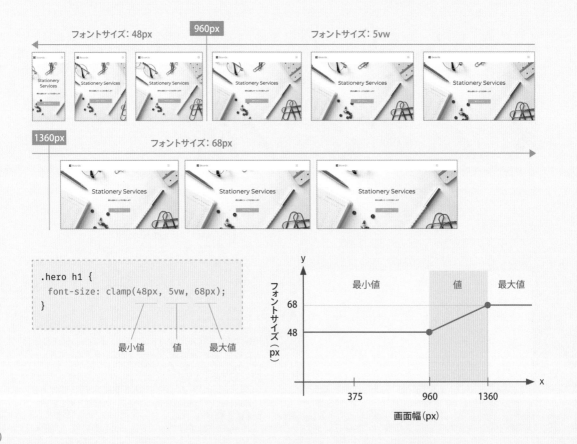

```
.hero h1 {
  font-size: clamp(48px, 5vw, 68px);
}
```

フォントサイズ 48 〜 68 ピクセルを画面幅 375 〜 1366px にかけてなめらかに変化させることもできます。そのためのフォントサイズは一次関数の式「y = ax + b」で求めることが可能です。まずは a と b を求めます。

a　傾き＝（y の増加量）÷（x の増加量）＝（68 - 48）÷（1366 - 375）＝ 0.0201816

b　切片＝y - ax ＝ 48 - 0.0201816 × 375 ＝ 48 - 7.5681 ＝ 40.4319

これで、現在の画面幅「x = 100vw」でのフォントサイズ y が得られます。

y = ax + b = 0.0201816 × 100vw + 40.4319px = 2.01816vw + 40.4319px

※オンラインツールで算出することもできます。
Font-size clamp() generator（https://clamp.font-size.app/）
Fluid-responsive font-size calculator（https://websemantics.uk/tools/responsive-font-calculator/）

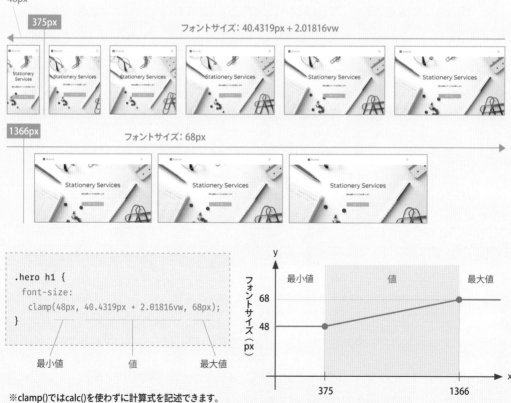

```
.hero h1 {
  font-size:
    clamp(48px, 40.4319px + 2.01816vw, 68px);
}
```

最小値　　　　　値　　　　　最大値

※clamp()ではcalc()を使わずに計算式を記述できます。

2

HERO

91

テキストの拡大表示とアクセシビリティ

W3C のアクセシビリティガイドライン「Web Content Accessibility Guidelines」では、テキストを 2 倍（200%）のサイズまで拡大できるようにすることが求められています。
現在、デバイスやブラウザで提供されている拡大手段はページズームが主流です。ただし、ページズームは表示中の画面（ズーム 100%）の表示が拡大されるわけではないため、注意が必要です。

たとえば、次のページはテキストのフォントサイズを 60 ピクセルに設定したものです。画面幅 1200px で表示し、200% と 250% にズームすると、テキストの表示サイズも 2 倍の 120 ピクセル、2.5 倍の 150 ピクセルになります。
しかし、ズーム 250% の表示ではテキストに改行が入っています。これは、200% にズームした場合は画面幅 600px の表示が、250% にズームした場合は画面幅 480px の表示が拡大されるためです。

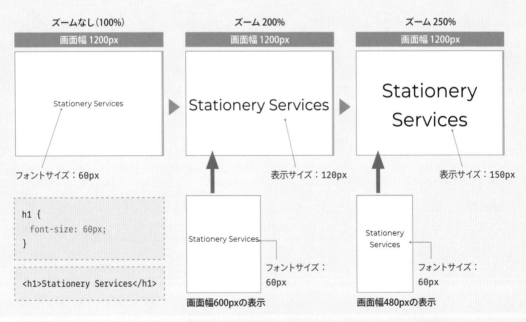

※Chromeでは画面右上にあるメニュー内の「ズーム」で拡大できます。

こうした仕組みになっているため、ページズームによる拡大表示にはレスポンシブの設定が影響を与えます。

作成したページの場合、キャッチコピー <h1> のフォントサイズは画面幅 1200px で 60 ピクセルですが、これをズームしたときの表示サイズは 200% で 96 ピクセル、250% で 120 ピクセルになります。
レスポンシブの設定により、画面幅 600px と 480px でのフォントサイズが 48 ピクセルになっているためです。

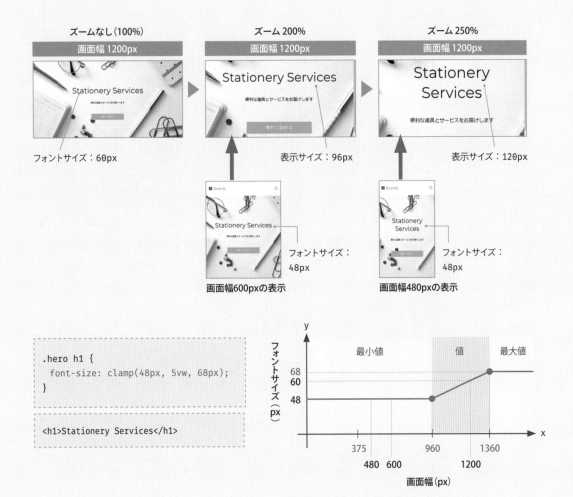

```
.hero h1 {
  font-size: clamp(48px, 5vw, 68px);
}
```

```
<h1>Stationery Services</h1>
```

フォントサイズの設定によっては、ズームすると表示サイズが小さくなるケースもあります。たとえば、画面幅600〜1200pxにかけてフォントサイズを16〜80ピクセルに変化させる設定にしてみると、画面幅1200ピクセルでズームしても次のような表示になります。

こうした「ズームしても大きくならない」という問題は、従来のメディアクエリ @media を使った設定や、単位を rem や em にした設定でも発生します。そのため、設定方法にかかわらず、フォントサイズを変化させるときには主要な画面幅での拡大表示も気にかけておくことをおすすめします。

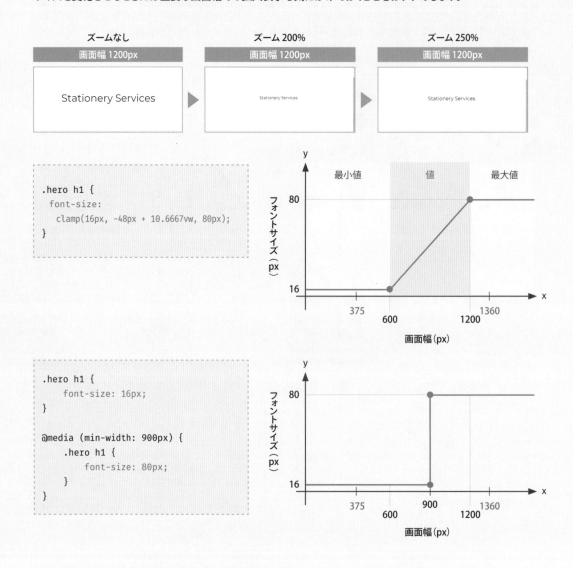

※デバイスやブラウザの拡大手段はページズームが主流ですが、フォントサイズのみを拡大する機能にも対応する必要がある場合、pxによる指定をremやemを使った指定に置き換えます。remは 1rem＝ルート要素のフォントサイズ、emは 1em＝親要素のフォントサイズとなる単位です。

画像とテキスト

***

画像とテキストを並べた「画像とテキスト」パーツの A と B を作成していきます。B は横並び
にした画像とテキストの配置を逆にして作成します。

A

B

画像   テキスト

ポイント

POINTS

＋ パーツの構成

画像とテキストの 2 つのアイテ
ムで構成します。テキストはタ
イトル、サブタイトル、文章で
構成します。

＋ レイアウト

画像とテキストは、小さい画
面では縦並びに、大きい画面
では横並びにしたレイアウト
にします。

＋ レスポンシブ

縦横の並びはブレークポイン
トで切り替えます。画像とテキ
ストの横幅は画面幅に合わせ
て変化させます。

画像とテキストを横並びにするレイアウト

画像とテキストを横並びにするレイアウトは、Flexbox と CSS Grid のどちらでも設定できます。ただし、レイアウトをコントロールするための考え方は大きく異なり、Flexbox ではアイテムを並べる方向で、CSS Grid ではグリッドの構造でコントロールしていくことになります。
「画像とテキスト A」だけであれば Flexbox の方が手間がかかる印象になりますが、配置を逆にした「画像とテキスト B」を実現することまで考えると Flexbox の方がわかりやすくなるため、ここでは Flexbox を使って設定していきます。

Flexbox

今回はこちらで設定

アイテムを並べる方向を変えてレイアウトをコントロール。

CSS Grid

グリッドの構造を変えてレイアウトをコントロール。

STEP BY STEP 制作ステップ

A の画像とテキストを表示

配置や間隔を調整

B を追加して配置を逆にして完成

「画像とテキスト」パーツはこう表示したい

テキストと線の表示

╋ タイトルとサブタイトルの間には赤色の短い線を入れて装飾します。

╋ タイトルのフォントサイズは画面幅に合わせて変化させます。

╋ サブタイトルは P.28 で設定した欧文フォント「Montserrat」で表示します。

╋ 文章の設定は P.73 で追加した基本設定と同じです。

赤色の短い線

- 色： 赤 (#b72661)
- 長さ： 160 ピクセル
- 太さ： 1 ピクセル

タイトル

- フォントサイズ
   （モバイル）：30px
   （PC）：40px
- フォントの太さ： Regular （400）

サブタイトル

- フォント： Montserrat
- フォントサイズ：18px
- フォントの太さ： Regular （400）
- 色： グレー （#707070）

文章

- フォントサイズ： 16px
- 行の高さ：フォントサイズの 1.8 倍

テキストと線の間隔

+ タイトルと赤色の線の間の余白は、タイトルのフォントサイズに対して 0.6 倍のサイズとなっています。

+ サブタイトルの上下の余白は、サブタイトルのフォントサイズに対して 1 倍と 2 倍のサイズになっています。

画像とテキストの配置

+ 画像とテキストはモバイル版では縦並びに、PC 版では横並びにします。さらに、A と B では PC 版での画像とテキストの配置が逆になります。

+ モバイル版と PC 版は画面幅 768px をブレークポイントにして切り替え、主要なタブレットには PC 版を表示するようにします。

(!) 768px は、主要なタブレットの 1 つである iPad（768 × 1024px）の画面幅です。

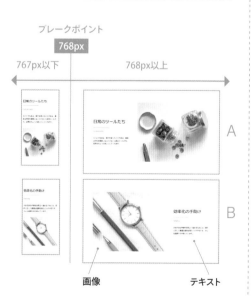

＊＊＊

横幅と左右の余白

+ 画像とテキストはヘッダーのコンテナと同じ横幅にして、左右に余白が入るようにします。
+ 横並びにした画像とテキストの横幅は 1：2 の比率にします。
+ 画像とテキストの間には余白を入れ、間隔を調整します。

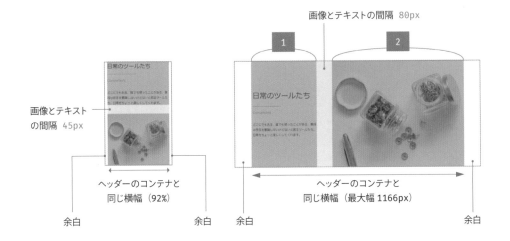

+ 画像は一部を切り出すことはせず、オリジナルの縦横比を維持した形で表示します。

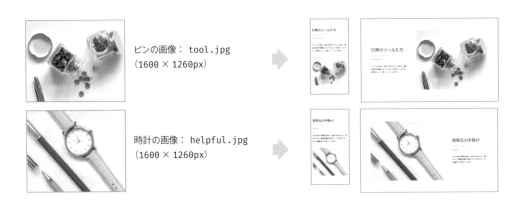

パーツ全体と上下の余白

+ パーツ全体は背景を白色（#ffffff）にして、常に画面の横幅いっぱいに表示します。

+ パーツの高さは指定せず、画像やテキストの高さによって変わるようにします。

+ パーツの上下には余白を入れて、画面幅に合わせてサイズを変化させます。

+ このパーツを連続して並べた場合、パーツの間隔が右のサイズになるようにします。

どうやって実現するか

以上を実現するため、ヘッダーなどと同じように全体を構成するボックスと、中身の配置をコントロールするボックス（コンテナ）を用意し、2重構造にして作成していきます。

全体を構成するボックス

コンテナ

＊＊＊

3-1 画像とテキストをマークアップする

✳✳✳

「画像とテキストA」から作成していくため、Aを構成する画像とテキストを追加し、マークアップします。なお、この段階では画像がオリジナルサイズで表示され、画面からオーバーフローします。

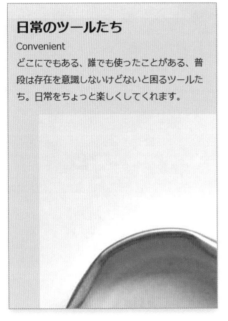

テキストと画像が表示されます。

```
...
  </section>

<section class="imgtext">
  <div class="imgtext-container w-container">
    <div class="text">
        <h2> 日常のツールたち </h2>
        <p>Convenient</p>
        <p> どこにでもある、誰でも使ったことがある、普
           段は存在を意識しないけどないと困るツールたち。
           日常をちょっと楽しくしてくれます。 </p>
    </div>
    <figure class="img">
      <img src="img/tool.jpg" alt=""
       width="1600" height="1260">
    </figure>
  </div>
</section>

</body>
```

index.html

パーツ全体　<section class="imgtext">

パーツ全体は <section> でマークアップし、1つのコンテンツのまとまり（セクション）であることを明示しています。クラス名は「imgtext」と指定し、他のパーツと区別できるようにしています。2重構造の外側のボックスとなります。

コンテナ　<div class="imgtext-container">

<section> 内にはパーツの中身である画像やテキストの配置をコントロールする <div> を用意し、コンテナとしてクラス名を「imgtext-container」と指定しています。

さらに、横幅と左右の余白をヘッダーやヒーローのコンテナと同じサイズにするため、P.48 で作成したクラス名「w-container」も指定しています。

2重構造の内側のボックスとなります。

各パーツのコンテナ<div>の構造。横幅と左右の余白が同じサイズになっています。

テキスト　<div class="text">

タイトルは見出しとして <h2> で、サブタイトルと文章は個々のまとまりとして <p> でマークアップし、全体はテキストとして <div class="text"> でマークアップしています。

(!) トップページではヒーローのキャッチコピーを最上位階層の見出しとして <h1> でマークアップしたため、ここではそれよりも 1 階層下の見出しであることを示す <h2> でマークアップしています。

画像　<figure class="img">

画像（tool.jpg）は <img> で表示します。画像の内容に相当するテキスト情報は <div class="text"> で画像の前に記述しているため、ここでは alt 属性を空にしています。width と height 属性では画像のオリジナルサイズの横幅と高さを指定し、P.168 のようなレイアウトシフトが発生するのを防ぎます。
全体は図版として <figure class="img"> でマークアップしています。

3-2 画像の表示を整える

✳︎✳︎✳︎

画像の表示を整えます。ここではテキストと同じように親要素のコンテナに合わせた横幅にして
表示します。

画像の表示が整います。

```css
/* 基本 */
body {
    margin: 0;
    background-color: #eeeeee;
    color: #222222;
    font-family: sans-serif;
}

h1, h2, h3, h4, h5, h6, p, figure {
    margin: 0;
}
...
```

```css
a:hover {
    filter: brightness(90%) contrast(120%);
}

img {
    display: block;
    max-width: 100%;
    height: auto;
}

/* 横幅と左右の余白 */
...
```

style.css

標準で挿入される余白の削除

画像をマークアップした <figure> の上下左右にはブラウザの UA スタイルシートによって標準で余白（マージン）が挿入されています。この余白が表示に影響を与えないようにするため、P.70で用意した余白を削除する基本設定を <figure> にも適用します。

画像を親要素に合わせた横幅にする

画像は親要素に合わせたサイズで表示するため、<img> の横幅を「100%」と指定します。ただし、オリジナルサイズ以上に拡大されるのを防ぐため、横幅は width ではなく max-width で指定します。height は「auto」と指定し、横幅に対してオリジナルの縦横比を維持した高さになるようにします。

この設定は画像の基本設定として、すべての <img> に適用します。

<img>のheightを「auto」と指定。縦横比を維持したサイズになります。

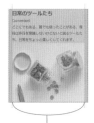

親要素のコンテナの横幅になっています。

<figure>のまわりに挿入された余白を削除。

<img>のmax-widthを「100%」と指定。

パーツの背景色と上下の余白を整える

✳✳✳

パーツの背景を白色にして、上下に余白を入れます。余白サイズは画面幅に合わせて変化させます。

背景が白くなり、上下に
余白が入ります。

```
...
/* ボタン */
.btn {
    ...
    text-shadow: 0 0 6px #00000052;
}
```

```
/* 画像とテキスト */
.imgtext {
    padding: clamp(90px, 9vw, 120px) 0;
    background-color: #ffffff;
}
```

style.css

パーツの背景色と上下の余白

パーツ全体は背景を白くするため、<section class="imgtext"> の background-color を白色（#ffffff）に指定し、padding で上下に余白を挿入します。

上下の余白サイズは画面幅に合わせて 90 から 120 ピクセルに変化させます。ここでは余白サイズを 9vw と指定して可変にし、clamp() 関数を使用して変化する範囲を 90 〜 120 ピクセルに収めるように指定しています。

「9vw」は PC 版の画面幅 1366px を基準に 120 ピクセルを vw に換算したサイズ「120 ÷ 1366 × 100 ≒ 9vw」です。画面幅 1000px で 90 ピクセル、画面幅 1334px で 120 ピクセルになるため、次のように上下の余白サイズが変化します。

3-4 タイトルとサブタイトルの表示を整える

✳✳✳

タイトルとサブタイトルの表示を整えます。タイトルは画面幅に合わせてフォントサイズが変わるようにして、サブタイトルとの間には赤色の短い線を表示します。

このデザインは他のパーツでも使いたいので、タイトル <h2> にクラス名「heading-decoration」を追加し、このクラス名を指定すれば設定が適用されるようにします。

```
<section class="imgtext">
  <div class="imgtext-container w-container">
    <div class="text">
      <h2 class="heading-decoration">
      日常のツールたち </h2>
      <p>Convenient</p>
      <p> どこにでもある、誰でも使ったことがある、
      普段は…ちょっと楽しくしてくれます。</p>
    </div>
    …
```
index.html

タイトルとサブタイトルの表示が整います。

```
…
/* 画像とテキスト */
.imgtext {
    padding: clamp(90px, 9vw, 120px) 0;
    background-color: #ffffff;
}

/* タイトルとサブタイトル（赤色の短い線で装飾）*/
.heading-decoration {
    font-size: clamp(30px, 3vw, 40px);
    min-height: 0vw;
    font-weight: 400;
}

.heading-decoration::after {
    display: block;
    content: '';
    width: 160px;
    height: 0px;
    border-top: solid 1px #b72661;
    margin-top: 0.6em;
}

.heading-decoration + p {
    margin-top: 1em;
    margin-bottom: 2em;
    color: #707070;
    font-family: "Montserrat", sans-serif;
    font-size: 18px;
}
```
style.css

タイトルの表示

タイトル <h2 class="heading-decoration"> は画面幅に合わせてフォントサイズを 30 から 40 ピクセルに変化させます。ここではフォントサイズを font-size で 3vw と指定して可変にし、clamp() 関数を使用して変化する範囲を 30 〜 40 ピクセルに収めるように指定しています。

「3vw」は PC 版の画面幅 1366px を基準に、40 ピクセルを vw に換算したサイズ「40 ÷ 1366 × 100 ≒ 3vw」です。画面幅 1000px で 30 ピクセル、画面幅 1334px で 40 ピクセルになるため、次のようにフォントサイズが変化します。

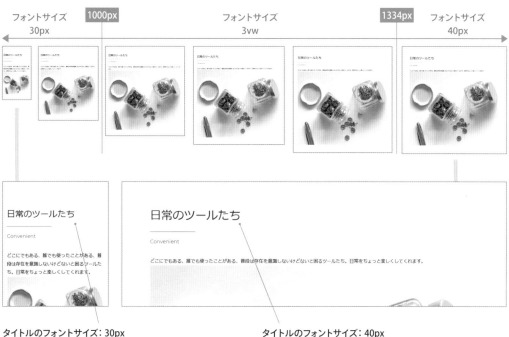

タイトルのフォントサイズ: 30px　　　　　　　　タイトルのフォントサイズ: 40px

min-height は clamp() を使ったフォントサイズの指定を Safari で機能させるための設定です。フォントの太さは font-weight で「400（Regular）」に指定しています。

赤色の短い線の表示

赤色の短い線はタイトルとサブタイトルの間に表示します。ここではタイトル <h2 class= "heading-decoration"> の ::after 疑似要素を使って作成しています。

::after 疑似要素では空のブロックボックスを作成するため、display を「block」に、content を空の値に指定します。

赤色の線はこのボックスの上部に border-top でボーダーとして表示します。ここでは太さ 1 ピクセルの赤色（#b72661）の実線（solid）を表示しています。

線の長さはボックスの横幅 width で 160 ピクセルに指定します。ボックスの高さ height は 0 ピクセルにします。画面幅が変わっても、線の表示は変化させません。

線の長さ：160px

線の長さ：160px

タイトルと線の間隔

タイトルと線の間には ::after 疑似要素の上マージン margin-top で余白を入れ、間隔を調整します。

余白サイズはタイトルのフォントサイズの 0.6 倍にするため、「0.6em」と指定しています。em は「1em ＝フォントサイズ」となる単位です。::after 疑似要素ではフォントサイズを指定していないので、親要素 <h2> のフォントサイズ clamp(30px, 3vw, 40px) に対して 0.6 倍になります。そのため、余白サイズはフォントサイズに合わせて 18 ～ 24 ピクセルに変化します。

余白サイズ 30px × 0.6＝18px
1000px
余白サイズ 3vw × 0.6＝1.8vw
1334px
余白サイズ 40px × 0.6＝24px

上マージン：0.6em（18px）　　　　　　上マージン：0.6em（24px）

（!）　<h2> の ::after 疑似要素は <h2> の子要素として挿入されるため、親要素として <h2> のフォントサイズが参照されます。

デベロッパーツールの表示。::after疑似要素は<h2>の子要素になっています。

サブタイトルの表示

サブタイトルの設定は「.heading-decoration + p」セレクタで指定し、タイトル <h2 class= "heading-decoration"> に続けて記述した <p> に適用します。
ここでは color で文字の色をグレー（#707070）に、font-family でフォントを「Montserrat」
に、font-size でサイズを 18 ピクセルに指定しています。

上下にはフォントサイズの 1 倍と 2 倍の余白を入れます。そのため、margin-top を「1em」、
margin-bottom を「2em」と指定しています。

サブタイトル

上マージン：1em（18px）

下マージン：2em（36px）

3-5 縦並びと横並びを切り替える

＊＊＊

画像とテキストの配置をモバイルでは縦並びに、PC では横並びにします。横並びではテキストを左に、画像を右に配置しますが、あとから配置を逆にするときに設定しやすいことから、ここでは Flexbox を使って設定していきます。

画面幅に応じて縦並びと
横並びが切り替わります。

```css
/* 画像とテキスト */
.imgtext {
    padding: clamp(90px, 9vw, 120px) 0;
    background-color: #ffffff;
}

.imgtext-container {
    display: flex;
    flex-direction: column;
}

@media (min-width: 768px) {
    .imgtext-container {
        flex-direction: row;
        align-items: center;
    }
```

```css
    .imgtext-container > .text {
        flex: 1;
    }

    .imgtext-container > .img {
        flex: 2;
    }
}

/* タイトルとサブタイトル（赤色の短い線で装飾） */
…
```

style.css

縦並びの設定

画像とテキストの並びを Flexbox でコントロールするため、直近の親要素であるコンテナ <div class="imgtext-container"> の display を「flex」と指定します。これで、<div class="imgtext-container"> は「フレックスコンテナ」、直近の子要素は「フレックスアイテム」となります。

モバイルではフレックスアイテムを縦並びにするため、flex-direction を「column」と指定しています。

Flexboxの構造を表示したもの。

(!)　画像とテキストは元から縦に並んでいるため、モバイルでは Flexbox を使用しないという考え方もあります。ここでは STEP 3-6 のように Flexbox の機能でフレックスアイテムの間隔を調整できるようにするため、Flexbox を使用します。

横並びの設定

PC ではフレックスアイテムを横並びにして縦方向中央で揃えるため、flex-direction を「row」、align-items を「center」と指定しています。横幅は 1：2 の比率にするため、テキスト <div class="text"> の flex を「1」、画像 <figure class="img"> の flex を「2」と指定します。

これらの設定は画面幅が 768px 以上のときに適用するため、メディアクエリ @media (min-width: 768px) { 〜 } 内に記述しています。

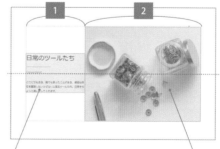

テキスト<div class="text"> が構成するボックス。

画像<figure class="img"> が構成するボックス。

3-6 画像とテキストの間隔を調整する

＊＊＊

画像とテキストの間に余白を入れ、間隔を調整します。このとき、gap を使用すると並びが切り替わってもフレックスアイテムの間に余白を挿入できるため、画面幅に合わせて間隔が変わるように設定します。

画像とテキストの間に
余白が入ります。

```css
/* 画像とテキスト */
.imgtext {
    padding: clamp(90px, 9vw, 120px) 0;
    background-color: #ffffff;
}

.imgtext-container {
    display: flex;
    flex-direction: column;
    gap: clamp(45px, 6vw, 80px);
}

@media (min-width: 768px) {
    .imgtext-container {
        flex-direction: row;
        align-items: center;
    }

    .imgtext-container > .text {
        flex: 1;
    }

    .imgtext-container > .img {
        flex: 2;
    }
}
…
```

style.css

画面幅に合わせて間隔を変化させる

画像とテキストの間隔は、モバイルでは 45 ピクセル、PC では 80 ピクセルにします。メディアクエリ @media でサイズを切り替えることもできますが、ここでは間隔を gap で 6vw と指定して可変にし、clamp() 関数で変化する範囲を 45 〜 80 ピクセルに収めるように指定しています。

「6vw」は PC 版の画面幅 1366px を基準に、80 ピクセルを vw に換算したサイズ「80 ÷ 1366 × 100 ≒ 6vw」です。画面幅 750px で 45 ピクセル、画面幅 1334px で 80 ピクセルになるため、次のように間隔が変化します。

なお、間に余白を入れても、横並びにしたテキストと画像の横幅は 1：2 の比率で表示されます。

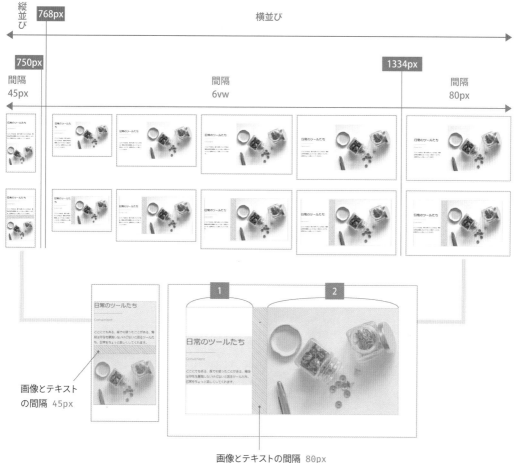

縦並び

768px

横並び

750px

間隔
45px

間隔
6vw

1334px

間隔
80px

画像とテキスト
の間隔　45px

1

2

日常のツールたち

Convenient

画像とテキストの間隔　80px

3-7 テキストの最小幅を指定する

✳✳✳

ブレークポイントにした画面幅 768px では、テキストの横幅が小さくなり、レイアウトが窮屈な
印象になっています。ここでは窮屈な印象を緩和するため、テキストの最小幅を文章 17 文字分
に指定し、必要以上に横幅が小さくなるのを防ぎます。

以上で、「画像とテキスト A」の設定は完了です。

テキストの横幅が小さく、窮屈な印象。

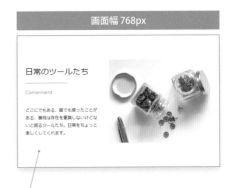

テキストの最小幅を指定し、窮屈さを緩和。

```css
/* 画像とテキスト */
.imgtext {
    padding: clamp(90px, 9vw, 120px) 0;
    background-color: #ffffff;
}

.imgtext-container {
    display: flex;
    flex-direction: column;
    gap: clamp(45px, 6vw, 80px);
}

@media (min-width: 768px) {
    .imgtext-container {
        flex-direction: row;
        align-items: center;
    }

    .imgtext-container > .text {
        flex: 1;
        min-width: 17em;
    }

    .imgtext-container > .img {
        flex: 2;
    }
}
…
```

style.css

最小幅を指定していないときの表示

最小幅を指定していない場合、画面幅が小さくなってもテキストと画像は 1 : 2 の比率を維持した横幅で表示されます。そのため、テキストの横幅はブレークポイントに近くなるほど小さくなります。

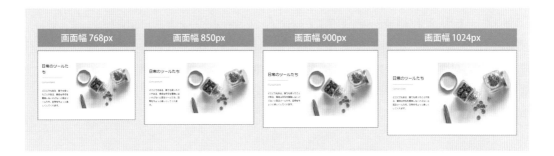

最小幅を指定したときの表示

テキストの最小幅は <div class="text"> の min-width で指定します。ここでは文章 17 文字分の横幅にするため、「17em」と指定しています。font-size を指定していない <div class="text"> のフォントサイズは文章 <p> と同じブラウザ標準の 16 ピクセルで処理されるため、最小幅は「17 文字分＝ 17em ＝ 17 × 16px ＝ 272px」となります。

最小幅になるとテキストの横幅は変化しなくなりますが、画像の横幅が変わるのでレイアウトが崩れることはありません。

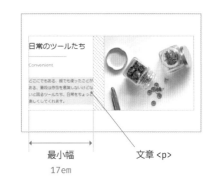

パーツを増やして画像とテキストの配置を逆にする

✳✳✳

「画像とテキスト B」を作成するため、「画像とテキスト A」の <section class="imgtext"> をコピーしてパーツを増やし、画像とテキストを B の内容に書き換えます。

コンテナ <div class="imgtext-container"> に「reverse」というクラス名を指定したら画像とテキストの配置が逆になるように設定し、A と B の間隔を調整したら、「画像とテキスト B」も完成です。

「画像とテキストA」

コピー

「画像とテキストB」

テキストと画像の内容を書き換えて
配置を逆にします

```
...
</section>

<section class="imgtext">
  <div class="imgtext-container w-container">
    <div class="text">
      <h2> 日常のツールたち </h2>
      <p>Convenient</p>
      <p> どこにでもある、誰でも使ったことがある、
       普段は存在を意識しないけどないと困るツールた
       ち。日常をちょっと楽しくしてくれます。</p>
    </div>
    <figure class="img">
      <img src="img/tool.jpg" alt=""
       width="1600" height="1260">
    </figure>
  </div>
</section>
```

```
<section class="imgtext">
  <div class="imgtext-container reverse
   w-container">
    <div class="text">
      <h2> 効率化の手助け </h2>
      <p>Helpful</p>
      <p> さまざまな作業を効率よく進めるためには、
       目的に応じて最適な道具を使うことが大切です。
       そんな道具たちが揃っています。</p>
    </div>
    <figure class="img">
      <img src="img/helpful.jpg" alt=""
       width="1600" height="1260">
    </figure>
  </div>
</section>

</body>
```

index.html

```
/* 画像とテキスト */
.imgtext {
   padding: clamp(90px, 9vw, 120px) 0;
   background-color: #ffffff;
}

.imgtext + .imgtext {
   padding-top: 0;
}

.imgtext-container {
   display: flex;
   flex-direction: column;
   gap: clamp(45px, 6vw, 80px);
}

@media (min-width: 768px) {
   .imgtext-container {
      flex-direction: row;
      align-items: center;
   }
```

```
   .imgtext-container.reverse {
      flex-direction: row-reverse;
   }

   .imgtext-container > .text {
      flex: 1;
      min-width: 17em;
   }

   .imgtext-container > .img {
      flex: 2;
   }
}
...
```

style.css

画像とテキストの配置を逆にする

Flexbox で横並びにした画像とテキストの配置を逆にするためには、flex-direction を「row-reverse」と指定します。

ここではコンテナ <div class="imgtext-container"> に「reverse」というクラス名を指定したときにだけ配置を逆にするため、「.imgtext-container.reverse」セレクタで設定を適用しています。

なお、設定はメディアクエリ @media 内に記述し、モバイルの表示には影響を与えないようにします。

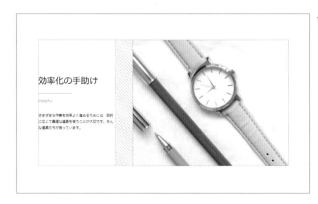

flex-directionが「row」のときのFlexboxの構造。

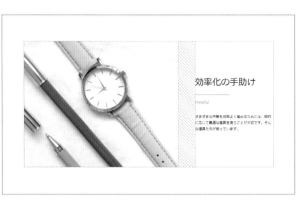

flex-directionを「row-reverse」にしたときのFlexboxの構造。画像とテキストの配置が逆になります。

モバイルの表示には影響しません。

AとBの間隔を調整する

「画像とテキスト」パーツの上下には P.107 のように padding で余白を入れているため、連続して並べると間隔が大きくなります。

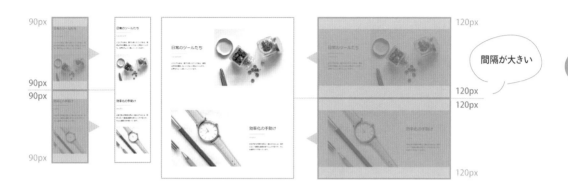

パーツの間隔はモバイルでは 90 ピクセル、PC では 120 ピクセルにします。そのため、「.imgtext + .imgtext」セレクタで padding-top を「0」と指定し、<section class="imgtext"> に続けて記述した <section class="imgtext"> の上パディングを削除しています。ここでは「画像とテキスト B」の上パディングが削除され、間隔が調整されます。

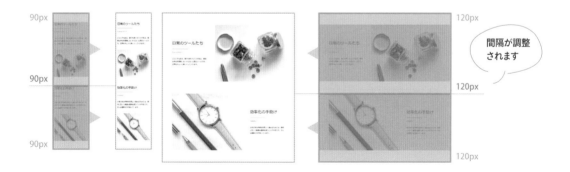

(!) 上下の余白をマージンで入れておけば重ね合わせの処理が行われるため、パディングのように余白を削除する必要がないという考え方もあります。ただし、マージン部分にはパーツの背景が反映されません。ここでは余白部分の背景の表示もパーツで調整できるようにするため、パディングを使って余白を挿入しています。

画像とテキストを横並びにするレイアウト

Flexboxで設定するケース

作成するページで採用した設定です。Flexbox ではアイテムを並べる方向を flex-direction で
コントロールします。縦並びにする場合は「column」、横並びにする場合は「row」と指定し
ます。アイテムの間隔（ギャップ）は gap で調整します。
横並びにしたアイテムの横幅は width で指定することもできますが、flex を使用して比率で指
定し、可変幅にしています。

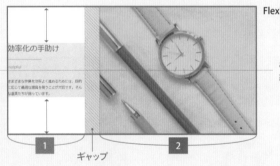

Flexboxの構造。

align-itemsで
縦方向中央に配置

1　2

ギャップ

```css
.imgtext-container {
  display: flex;
  flex-direction: column;
  gap: clamp(45px, 6vw, 80px);
}

@media (min-width: 768px) {
  .imgtext-container {
    flex-direction: row;
    align-items: center;
  }
}
```

```css
.imgtext-container > .text {
  flex: 1;
}

.imgtext-container > .img {
  flex: 2;
}
```

```html
<section class="imgtext">
  <div class="imgtext-container">
    <div class="text">…</div>
    <figure class="img">…</figure>
  </div>
</section>
```

アイテムの配置を逆にする場合

アイテムの配置を逆にする場合は、flex-direction の値を変更します。縦並びでは「column-reverse」、横並びでは「row-reverse」と指定します。

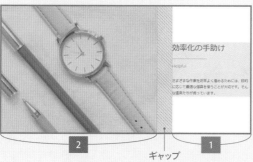

テキストと画像の配置が
逆になります。

```
.imgtext-container {
  display: flex;
  flex-direction: column;
  gap: clamp(45px, 6vw, 80px);
}

.imgtext-container.reverse {
  flex-direction: column-reverse;
}

@media (min-width: 768px) {
  .imgtext-container {
    flex-direction: row;
    align-items: center;
  }
}
```

```
.imgtext-container.reverse {
  flex-direction: row-reverse;
}

.imgtext-container > .text {
  flex: 1;
}

.imgtext-container > .img {
  flex: 2;
}
}
```

```
<section class="imgtext">
  <div class="imgtext-container
  reverse">
    <div class="text">…</div>
    <figure class="img">…</figure>
  </div>
</section>
```

画像とテキストを横並びにするレイアウト
CSS Gridで設定するケース

CSS Grid ではアイテムの並びと横幅をグリッドの構造でコントロールします。標準では1列の
グリッドが作成され、そのままで縦並びのレイアウトになります。横並びにするときには grid-
template-columns で2列のグリッドを作成します。各列の横幅は1：2の比率で可変幅に
するため、「1fr 2fr」と指定します。

グリッドの行列の間には gap で余白（ギャップ）を挿入し、間隔を調整します。

グリッドの構造
（1列×2行）

ギャップ

1

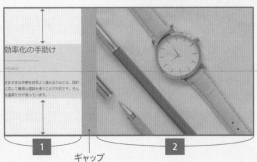
2

グリッドの構造（2列×1行）

align-itemsで
縦方向中央に配置

```css
.imgtext-container {
    display: grid;
    gap: clamp(45px, 6vw, 80px);
}

@media (min-width: 768px) {
    .imgtext-container {
        grid-template-columns: 1fr 2fr;
        align-items: center;
    }
}
```

```html
<section class="imgtext">
  <div class="imgtext-container">
    <div class="text">…</div>
    <figure class="img">…</figure>
  </div>
</section>
```

アイテムの配置を逆にする場合

CSS Grid でアイテムの配置を逆にする場合、Flexbox のように簡単にはいきません。まずは order を使ってアイテムの並び順を逆にします。ここでは画像を「1」に、テキストを「2」に 指定しています。さらに、横並びのレイアウトではグリッドの列の構造も逆にする必要があるため、 grid-template-columns の値を「2fr 1fr」と指定します。

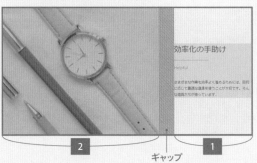

テキストと画像の配置が 逆になります。

2 ギャップ 1

```css
.imgtext-container {
  display: grid;
  gap: clamp(45px, 6vw, 80px);
}

.imgtext-container.reverse > .text {
  order: 2;
}

.imgtext-container.reverse > .img {
  order: 1;
}
```

```css
@media (min-width: 768px) {
  .imgtext-container {
    grid-template-columns:
                        1fr 2fr;
    align-items: center;
  }

  .imgtext-container.reverse {
    grid-template-columns:
                        2fr 1fr;
  }
}
```

```html
<section class="imgtext">
  <div class="imgtext-container
  reverse">
    <div class="text">…</div>
    <figure class="img">…</figure>
  </div>
</section>
```

(!) **order** でアイテムの並び順を逆にした だけではグリッドの列の構造が変わら ないため、横並びの表示が右のように なってしまいます。

1   2

(!) 横並びの配置を逆にする場合、グリッドの direction を「rtl」と指定するテクニックも
あります。この方法を使えばアイテムの並び順とグリッドの構造をまとめて逆にすること
ができます。
ただし、direction は書字方向を指定するものなため、こうした使い方については賛否
が分かれます。さらに、テキストが右横書きになるのを防ぐため、子階層の direction は
「ltr」に戻す必要があります。

横並びにしたテキストと画像の
配置が逆になります。

※書字方向を下から上にする
機能はないため、このテク
ニックで縦並びの配置を逆
にすることはできません。

```css
.imgtext-container {
    display: grid;
    gap: clamp(45px, 6vw, 80px);
}

@media (min-width: 768px) {
    .imgtext-container {
        grid-template-columns: 1fr 2fr;
        align-items: center;
    }

    .imgtext-container.reverse {
        direction: rtl;
    }

    .imgtext-container.reverse > * {
        direction: ltr;
    }
}
```

```html
<section class="imgtext">
  <div class="imgtext-container
    reverse">
    <div class="text">…</div>
    <figure class="img">…</figure>
  </div>
</section>
```

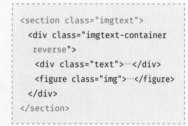

子階層のdirectionを「ltr」にしな
いと、テキストが右横書きになり
ます。

(!) CSS Grid では grid-auto-flow でアイテムを「column（縦並び）」や「row（横並
び）」にすることができます。しかし、flex-direction のようにそれぞれの並びを逆にする
「column-reverse」や「row-reverse」という値は用意されていません。

HTML&CSS
MODERN CODING

記事一覧

***

記事をリストアップした「記事一覧」パーツを作成していきます。

MOBILE

PC

パーツの見出し

6件の記事

ポイント

POINTS

＋ パーツの構成

パーツの見出しと6件の記事で構成します。それぞれの記事は画像、タイトル、概要文で構成します。

＋ レイアウト

6件の記事はタイル状に並べます。パーツの見出しは左上に配置し、画像は3：2の縦横比に揃えて切り出します。

＋ レスポンシブ

タイル状に並べた記事は画面幅に応じてモバイルでは2列、PCでは3列のレイアウトに切り替えます。

タイル状に並べるレイアウト

タイル状に並べるレイアウトは、CSS Grid で設定するのが簡単です。

CSS Grid では何列に並べるかを指定してレイアウトできるのに対し、Flexbox ではアイテムの横幅で調整する必要があるためです。さらに、Flexbox ではアイテムの間隔を調整するのにも手間がかかります。そのため、CSS Grid を使用して設定していきます。

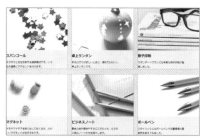

Flexbox

何列に並べるかや、間隔をどのような方法で調整するかに応じて、アイテムの横幅を適切に指定する必要があります。

今回はこちらで設定

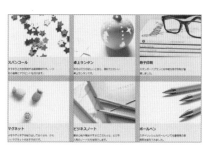

CSS Grid

何列に並べたいかを指定してグリッドを作成します。

STEP BY STEP
制作ステップ

見出しの配置を調整

記事をタイル状に並べる

記事の表示を整えて完成

「記事一覧」パーツはこう表示したい

記事の表示

+ タイトルと概要文のフォントサイズは画面幅に合わせて変化させます。

+ 概要文は最大幅を 20 文字分にします。

+ 画像は 3 ： 2 の縦横比を維持して変化させます。

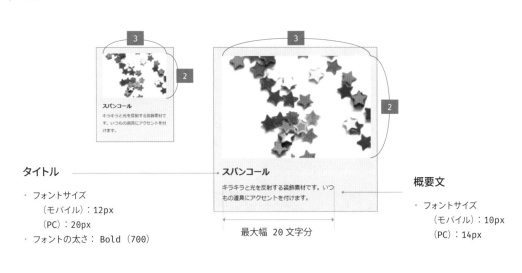

タイトル

- フォントサイズ
  （モバイル）：12px
  （PC）：20px
- フォントの太さ： Bold（700）

最大幅 20 文字分

概要文

- フォントサイズ
  （モバイル）：10px
  （PC）：14px

+ 各記事の画像はサイズが統一されていないため、縦横比が 3 ： 2 になるようにサイズを揃え、
中央を切り出して表示します。

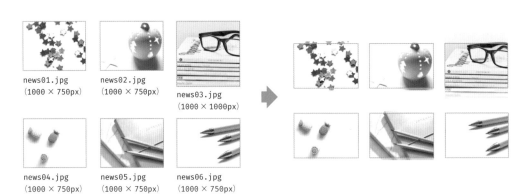

news01.jpg
（1000 × 750px）

news02.jpg
（1000 × 750px）

news03.jpg
（1000 × 1000px）

news04.jpg
（1000 × 750px）

news05.jpg
（1000 × 750px）

news06.jpg
（1000 × 750px）

タイトルの上下の余白

✛ タイトルの上下の余白は、タイトルのフォントサイズに対して 1 倍と 0.5 倍のサイズとなっています。

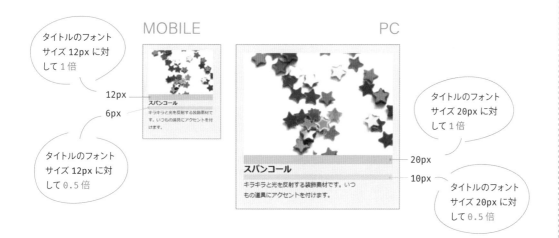

タイル状に並べるレイアウト

✛ 6 件の記事はモバイル版では 2 列、PC 版では 3 列でタイル状に並べ、「画像とテキスト」パーツと同じように画面幅 768px をブレークポイントにして切り替えます。

✛ 記事の間には余白を入れて間隔を調整します。間隔のサイズは変化させません。

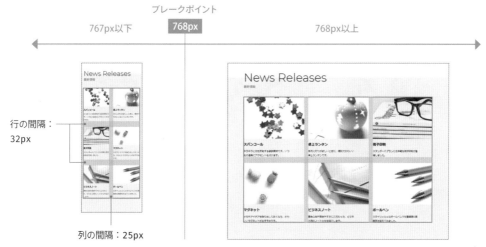

✳✳✳

横幅と左右の余白

＋ タイル状に並べた記事はヘッダーなどのコンテナと同じ横幅にして、左右に余白が入るようにします。

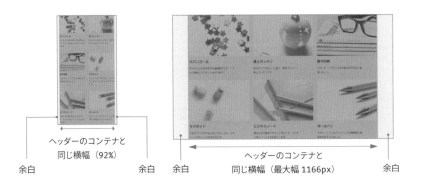

ヘッダーのコンテナと
同じ横幅（92%）

余白　　　　　　　　余白

余白

ヘッダーのコンテナと
同じ横幅（最大幅 1166px）

余白

パーツ全体

＋ パーツ全体は背景を象牙色（#f3f1ed）にして、常に画面の横幅いっぱいに表示します。

＋ 見出しはパーツの外側に出した位置に配置します。

＋ パーツの高さは指定せず、タイル状に並べた記事の高さによって変わるようにします。

　※見出しはパーツの高さに影響を与えないようにします。

＋ パーツの上下には余白を入れて、画面幅に合わせてサイズを変化させます。

　※上下の余白は「画像とテキスト」パーツの上下に入れた余白と同じサイズです。

見出し

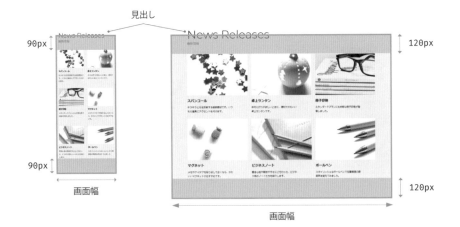

90px

90px

画面幅

120px

120px

画面幅

見出しの表示

+ 見出しの英語部分は P.28 で設定した欧文フォント「Montserrat」で表示し、フォントサイズは画面幅に合わせて変化させます。
+ 見出しはフォントサイズの 60%外側に出した位置に配置します。
+ 見出しは左端を記事と揃えます。

見出し（英語部分）

- フォント： Montserrat
- フォントサイズ
  （モバイル）：40px
  （PC）：70px
- フォントの太さ： Light（300）

見出し（日本語部分）

- フォントサイズ：18px
- 色： グレー （#666666）

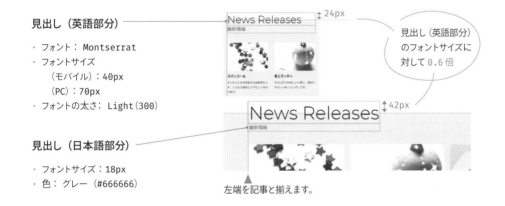

見出し（英語部分）のフォントサイズに対して 0.6 倍

左端を記事と揃えます。

どうやって実現するか

以上を実現するため、ここではパーツ全体を構成するボックスと 2 つのコンテナを用意し、 3 重構造にして作成していきます。見出しは「横幅と左右の余白をコントロールするコンテナ」に入れた状態で作成し、そこを基点に表示位置を調整します。

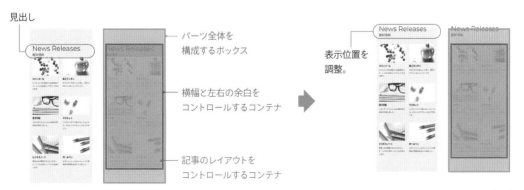

見出し

パーツ全体を構成するボックス

横幅と左右の余白をコントロールするコンテナ

記事のレイアウトをコントロールするコンテナ

表示位置を調整。

✳✳✳

4-1 記事一覧をマークアップする

＊＊＊

記事一覧を構成する見出しと記事を追加し、マークアップして表示します。記事は全部で6件ありますが、ここでは1件目の記事だけを追加して設定していきます。

見出しと1件目の記事が表示されます。

```
...
  </section>

<section class="posts">
  <div class="w-container">
    <h2>
       News Releases <span> 最新情報 </span>
    </h2>

    <div class="posts-container">
      <article class="post">
        <a href="#">
          <figure>
            <img src="img/news01.jpg" alt=""
             width="1000" height="750">
          </figure>
          <h3> スパンコール </h3>
          <p> キラキラと光を反射する装飾素材です。
             いつもの道具にアクセントを付けます。 </p>
        </a>
      </article>
    </div>
  </div>
</section>

</body>
```

index.html

パーツ全体　<section class="posts">

パーツ全体は <section> でマークアップし、1つのコンテンツのまとまり（セクション）であることを明示しています。クラス名は「posts」と指定し、他のパーツと区別できるようにしています。3重構造の一番外側のボックスとなります。

横幅と左右の余白をコントロールするコンテナ　<div class="w-container">

見出しや記事の横幅と左右の余白は、他のパーツのコンテナと同じサイズに揃えます。そのため、<section> 内には <div> を追加し、横幅と左右の余白をコントロールするコンテナとして P.48 で作成したクラス名「w-container」を指定しています。

(!)　PC 版では記事の画像がコンテナの横幅より小さい表示になります。これは、P.105 で画像がオリジナルサイズより大きく拡大されないように設定したためです。

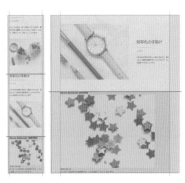

各パーツのコンテナ<div>の構造。横幅と左右の余白が同じサイズになっています。

見出し　<h2>

パーツの見出しは <h2> でマークアップしています。日本語部分は <span> で区別できるようにした形で <h2> に含めて記述し、あとからまとめて配置を調整できるようにしています。

記事のレイアウトをコントロールするコンテナ　<div class="posts-container">

タイル状に並べる記事全体は <div> でマークアップし、レイアウトをコントロールするコンテナとしてクラス名を「posts-container」と指定しています。

記事　<article class="post">

各記事は <article> でマークアップしてクラス名を「post」と指定し、<a> で記事へのリンクを設定しています。
画像（news01.jpg）は <img> で表示し、図版として <figure> でマークアップしています。装飾的な画像として <img> の alt 属性は空にし、width と height では画像のオリジナルサイズを指定しています。
記事のタイトルは <h3> で、概要文は <p> でマークアップしています。

4-2 パーツの背景色と上下の余白を整える

∗∗∗

パーツの背景に色を付け、上下に余白を入れます。余白サイズは「画像とテキスト」パーツのときと同じサイズにするため、値を変数で管理し、簡単に指定できるようにします。

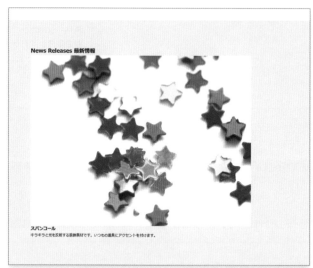

背景に色が付き、上下に余白が入ります。

```css
@charset "UTF-8";

/* 基本 */
:root {
    --v-space: clamp(90px, 9vw, 120px);
}

body {
...

/* 画像とテキスト */
.imgtext {
    padding: var(--v-space) 0;
    background-color: #ffffff;
}
```

```css
...
.heading-decoration + p {
    margin-top: 1em;
    margin-bottom: 2em;
    color: #707070;
    font-family: "Montserrat", sans-serif;
    font-size: 18px;
}

/* 記事一覧 */
.posts {
    padding: var(--v-space) 0;
    background-color: #f3f1ed;
}
```

style.css

パーツの背景色と上下の余白

パーツ全体には色を付けるため、<section class="posts"> の background-color で背景色を象牙色（#f3f1ed）に指定し、padding で上下に余白を挿入します。

上下の余白サイズは画面幅に合わせて 90 から 120 ピクセルに変化させるため、clamp(90px, 9vw, 120px) と指定します。このサイズは Chapter 3 の「画像とテキスト」パーツの余白と同じで、Chapter 5 以降に作成する他のパーツにも同じサイズの余白があります。
そのため、clamp() の値は変数で管理し、簡単に使用できるようにします。ここでは「--v-space」という変数（カスタムプロパティ）を用意し、値を「clamp(90px, 9vw, 120px)」と指定しています。

変数は :root セレクタで設定し、ページ全体で使用できるようにしています。使用する際には var() 関数で呼び出します。ここでは「画像とテキスト」パーツと「記事一覧」パーツの上下パディングの値を「var(--v-space)」と指定しています。表示を確認すると次のように上下に余白が入り、画面幅に合わせてサイズが変化します。

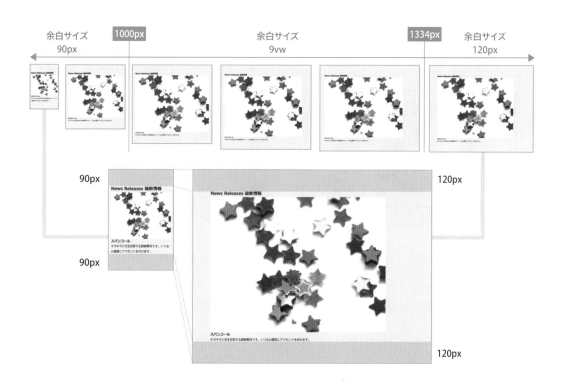

4-3 見出しの表示を整える

＊＊＊

見出し <h2> の表示を整えます。見出しの英語部分は画面幅に合わせてフォントサイズが変わるようにして、日本語部分 <span> は色をグレーにします。

このデザインは他のパーツでも使いたいので、<h2> にクラス名「heading」を追加し、このクラス名を指定すれば設定が適用されるようにしています。

```html
<section class="posts">
  <div class="w-container">
    <h2 class="heading">
      News Releases
      <span> 最新情報 </span>
    </h2>

    <div class="posts-container">
      ...
    </div>
  </div>
</section>
```
index.html

```css
...
/* 記事一覧 */
.posts {
    padding: var(--v-space) 0;
    background-color: #f3f1ed;
}

/* パーツの見出し */
.heading {
    font-family: "Montserrat", sans-serif;
    font-size: clamp(40px, 5.2vw, 70px);
    min-height: 0vw;
    font-weight: 300;
}

.heading span {
    display: block;
    color: #666666;
    font-size: 18px;
}
```
style.css

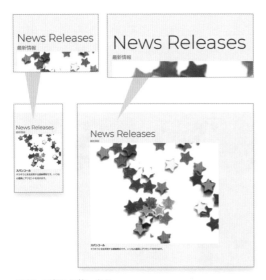

見出しの表示が整います。

英語部分の表示

見出し <h2 class="heading"> の英語部分は font-family でフォントを「Montserrat」に、font-weight で太さを「Light（300）」に指定しています。
さらに、画面幅に合わせてフォントサイズを 40 から 70 ピクセルに変化させるため、font-size を 5.2vw と指定して可変にし、clamp() 関数を使用して変化する範囲を 40 〜 70 ピクセルに収めるようにしています。

「5.2vw」は PC 版の画面幅 1366px を基準に、70 ピクセルを vw に換算したサイズ「70 ÷ 1366 × 100 ≒ 5.2vw」です。画面幅 769px で 40 ピクセル、画面幅 1346px で 70 ピクセルになるため、次のようにフォントサイズが変化します。

英語部分のフォントサイズ：40px

英語部分のフォントサイズ：70px

日本語部分の表示

見出しの日本語部分 <span> は color で色をグレー（#666666）に、font-size でフォントサイズを 18 ピクセルに指定しています。
さらに、<span> は標準ではインラインボックスを構成し、英語部分のテキストと横並びになります。ここでは縦並びにしたいので display を「block」と指定し、ブロックボックスを構成するようにしています。

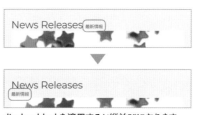

display: blockを適用すると縦並びになります。

4-4 見出しの配置を整える

✳✳✳

見出し \<h2\> をパーツの外側に出した位置に配置します。

配置の調整方法はいろいろとありますが、ここでは見出しがパーツの高さに影響を与えないようにしたいので、position を使用して調整しています。

```
<section class="posts">
  <div class="w-container">      ←──── コンテナ
    <h2 class="heading">          ←─ 見出し
      News Releases
      <span> 最新情報 </span>
    </h2>

    <div class="posts-container">
      ...
    </div>
  </div>
</section>
```
index.html

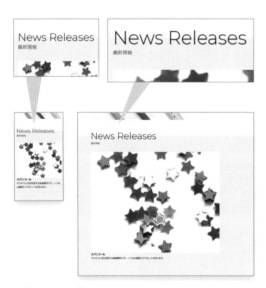

見出しの配置が整います。

```
/* 横幅と左右の余白 */
.w-container {
  width: min(92%, 1166px);
  margin: auto;
  position: relative;
}
...

/* 記事一覧 */
.posts {
  padding: var(--v-space) 0;
  background-color: #f3f1ed;
}

/* パーツの見出し */
.heading {
  position: absolute;
  top: calc((var(--v-space) + 0.6em) * -1);
  font-family: "Montserrat", sans-serif;
  font-size: clamp(40px, 5.2vw, 70px);
  min-height: 0vw;
  font-weight: 300;
}
...
```
style.css

位置指定の基点を用意する

見出し <h2> の配置を position で調整するために
は、位置指定の基点にしたい親要素に「position:
relative」を適用しなければなりません。

見出しを他のパーツでも使用することを考える
と、各パーツの横幅を一括管理しているクラス名
「w-container」を持つコンテナに「position:
relative」を適用するのが簡単です。この設定を適
用しただけでは表示への影響もありません。

記事一覧パーツでは<div class="w-container">
が位置指定の基点となります。

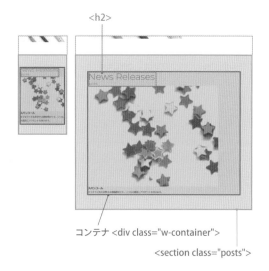

コンテナ <div class="w-container">

<section class="posts">

見出しの配置を指定する

見出し <h2> の position を「absolute」と指定し、top を使って基点 <div class="w-
container"> からの上下方向の位置を指定します。

ここではパーツの上に入れた余白サイズ var(--v-space) に、パーツの外側に出すサイズ 0.6em
（見出しのフォントサイズの 0.6 倍のサイズ）を加えた「var(--v-space) + 0.6em」の分だ
け基点から上の位置に指定します。

基点より上の位置にする場合は top の値をマイナスで指定する必要があるため、calc() 関数を
使って「calc((var(--v-space) + 0.6em) * -1)」と指定しています。

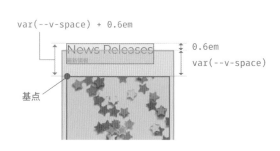

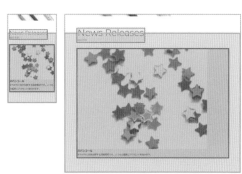

見出しがパーツの外側に出た位置に配置されます。

画面幅を変えたときの表示

パーツの上下の余白サイズと見出しのフォントサイズは、画面幅に合わせて変化します。それに合わせて top の値も変わるため、画面幅を変えても、常に見出しがパーツの外側に出た位置に配置されることを確認しておきます。

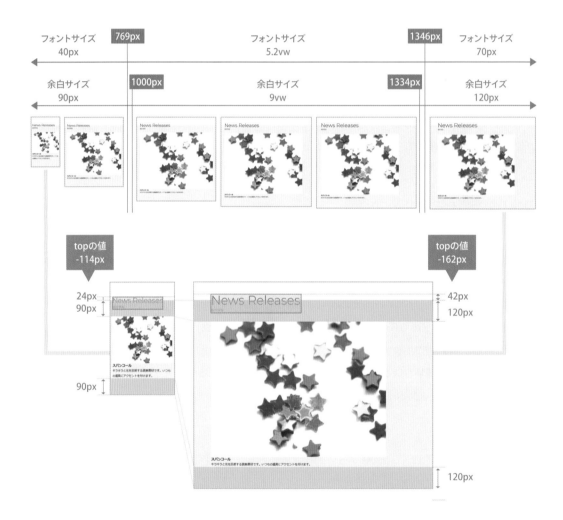

top で指定した値のうち、パーツの上に入れた余白サイズ var(--v-space) は、画面幅に合わせて 90 〜 120 ピクセルに変化する「clamp(90px, 9vw, 120px)」です。

パーツの外側に出すサイズ 0.6em は、画面幅に合わせて 40 〜 70 ピクセルに変化する見出しのフォントサイズ「clamp(40px, 5.2vw, 70px)」の 0.6 倍です。

そのため、top の値は次のように記述することもできます。

```
top: calc((var(--v-space) + 0.6em) * -1);
```

‖

```
top: calc((clamp(90px, 9vw, 120px) + (clamp(40px, 5.2vw, 70px) * 0.6)) * -1);
```

見出しの配置を指定したあとのパーツの高さ

「position: absolute」を適用した見出しは独立したものとして扱われ、他の要素の高さや配置には影響を与えなくなります。その結果、パーツの高さは上下の余白サイズと記事の高さによって決まるようになります。

(!) 見出しの配置は、<h2> の margin-top をマイナスマージンにして調整することもできます。ただし、後続の記事の配置やパーツの高さにも影響し、記事の上に他のパーツと同じ 90 〜 120 ピクセルの余白を入れた形にするのが難しくなるといった問題が出てきます。

4-5 記事を追加する

***

2件目〜6件目の記事を追加します。各記事は1件目の記事と同じように画像 <figure>、タイトル <h3>、概要文 <p> で構成し、<article class="post"> でマークアップします。

2件目〜6件目の記事

画像

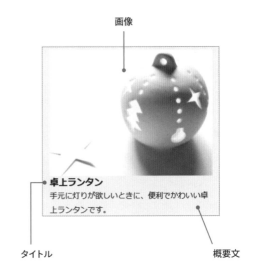

卓上ランタン
手元に灯りが欲しいときに、便利でかわいい卓上ランタンです。

タイトル　　　　　　　　　　　概要文

これで、レイアウトをコントロールするためのコンテナ <div class="posts-container"> の中に6件の記事を記述した状態になります。次のステップではこれらの記事をタイル状に並べていきます。

```
<section class="posts">
  <div class="w-container">
    <h2 class="heading">
      News Releases
      <span> 最新情報 </span>
    </h2>

    <div class="posts-container">                          ───── コンテナ
      <article class="post">
        <a href="#">
          <figure><img src="img/news01.jpg" alt="" width="1000" height="750"></figure>
          <h3> スパンコール </h3>
          <p> キラキラと光を反射する装飾素材です。いつもの道具にアクセントを付けます。 </p>
        </a>
      </article>

      <article class="post">
        <a href="#">
          <figure><img src="img/news02.jpg" alt="" width="1000" height="750"></figure>
          <h3> 卓上ランタン </h3>
          <p> 手元に灯りが欲しいときに、便利でかわいい卓上ランタンです。 </p>
        </a>
      </article>

      <article class="post">
        <a href="#">
          <figure><img src="img/news03.jpg" alt="" width="1000" height="1000"></figure>
          <h3> 冊子印刷 </h3>
          <p> スタンダードプランにも手軽な冊子印刷が登場しました。 </p>
        </a>
      </article>

      <article class="post">
        <a href="#">
          <figure><img src="img/news04.jpg" alt="" width="1000" height="750"></figure>
          <h3> マグネット </h3>
          <p> メモやアイデアを貼り出しておくなら、かわいいマグネットがおすすめです。 </p>
        </a>
      </article>

      <article class="post">
        <a href="#">
          <figure><img src="img/news05.jpg" alt="" width="1000" height="750"></figure>
          <h3> ビジネスノート </h3>
          <p> 書き心地や開きやすさにこだわった、ビジネス用のノートたちを紹介します。 </p>
        </a>
      </article>

      <article class="post">
        <a href-"#">
          <figure><img src="img/news06.jpg" alt="" width="1000" height="750"></figure>
          <h3> ボールペン </h3>
          <p> スタイリッシュなボールペンで仕事環境の雰囲気を変えてみました。 </p>
        </a>
      </article>
    </div>
  </div>
</section>
```

index.html

4-6　記事をタイル状に並べる

✻✻✻

6件の記事をモバイルでは2列、PCでは3列に並べます。このようにタイル状に並べるレイアウトは CSS Grid が得意としているため、ここでも CSS Grid を使って設定します。

```
/* 記事一覧 */
.posts {
  padding: var(--v-space) 0;
  background-color: #f3f1ed;
}

.posts-container {
  display: grid;
  grid-template-columns: repeat(2, 1fr);
  gap: 32px 25px;
}

@media (min-width: 768px) {
  .posts-container {
    grid-template-columns: repeat(3, 1fr);
  }
}

/* パーツの見出し */
…
```

style.css

2列に並べる設定

記事をタイル状に並べるため、直近の親要素であるコンテナ <div class="posts-container"> の display を「grid」と指定します。これで、<div class="posts-container"> は「グリッドコンテナ」、直近の子要素は「グリッドアイテム」となります。

モバイルではアイテムを2列に並べるため、grid-template-columns を「repeat(2, 1fr)」と指定し、2列のグリッドを作成しています。

アイテムの間隔は gap で調整します。ここでは行の間に32ピクセル、列の間に25ピクセルのギャップ（余白）を入れています。

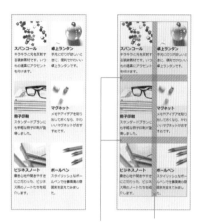

行のギャップ 32px　　列のギャップ 25px

3列に並べる設定

PCでは3列に並べるため、grid-template-columns を「repeat(3, 1fr)」と指定し、グリッドの構造を3列にしています。

この設定は画面幅が768px以上のときに適用するため、メディアクエリ @media (min-width: 768px) { 〜 } 内に記述します。

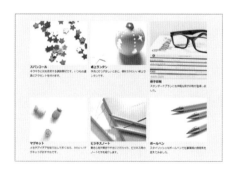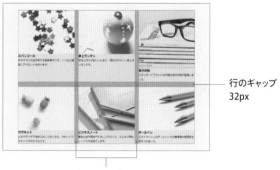

行のギャップ 32px

列のギャップ 25px

(!) 「repeat(2, 1fr)」は「1fr 1fr」、「repeat(3, 1fr)」は「1fr 1fr 1fr」と指定することもできます。

4-7 画像を３：２の縦横比に揃える

＊＊＊

各記事 \<article class="post"\> の表示を整えていきます。まずは、記事内の画像 \<img\> の
表示サイズを３：２の縦横比に揃えます。

```css
/* 記事一覧 */
…
@media (min-width: 768px) {
    .posts-container {
        grid-template-columns: repeat(3, 1fr);
    }
}

/* 記事一覧の記事 */
.post img {
    aspect-ratio: 3 / 2;
    object-fit: cover;
    width: 100%;
}

@supports not (aspect-ratio: 3 / 2) {
    .post img {
        height: 180px;
    }
}

/* パーツの見出し */
…
```

style.css

縦横比の設定

画像 <img> は 3：2 の縦横比にするため、aspect-ratio を「3 / 2」と指定し、object-fit で切り出して表示します。

標準では画像のオリジナルの
縦横比で表示されています。

aspect-ratio: 3 / 2 で
縦横比を 3：2 に指定。

object-fit: cover で 3：2 の縦横比
に合わせて画像の中央を切り出し。

なお、<img> の width/height 属性が未指定な場合、aspect-ratio の設定を反映させるためには「width: 100%」の指定が必要です。作成中のページでは width/height 属性を指定していますが、CMS などで画像を出力すると未指定なケースもあるため、ここでは「width: 100%」の指定も追加しています。

（!）aspect-ratio には主要ブラウザが対応していますが、Safari はバージョン 15 からの対応なため、下位互換用の設定も追加しています。
ここでは簡易的に対応するため、画像の高さを height で 180 ピクセルに揃えるようにしています。

この設定は aspect-ratio に未対応な場合のみに適用するため、@supports not (aspect-ratio: 3 / 2) { 〜 } の中に記述しています。

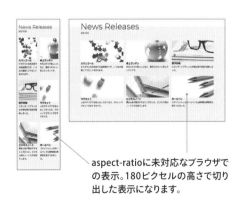

aspect-ratioに未対応なブラウザで
の表示。180ピクセルの高さで切り
出した表示になります。

CHAPTER 4
LIST OF POSTS

4-8

記事のタイトルと概要文の表示を整える

✳✳✳

記事のタイトルと概要文の表示を整えます。それぞれ画面幅に合わせてフォントサイズを変化させます。これで、「記事一覧」パーツは完成です。

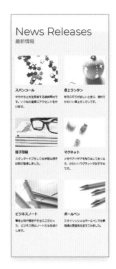

```css
/* 記事一覧の記事 */
.post a {
    display: block;
}

.post h3 {
    margin: 1em 0 0.5em;
    font-size: clamp(12px, 2vw, 20px);
    min-height: 0vw;
}

.post p {
    max-width: 20em;
    font-size: clamp(10px, 1.6vw, 14px);
    min-height: 0vw;
}

.post img {
    aspect-ratio: 3 / 2;
    object-fit: cover;
...
```

style.css

タイトルの表示

記事のタイトル < h3 > のフォントサイズは画面幅に合わせて 12 から 20 ピクセルに変化させます。ここではタブレットで表示したときのフォントサイズが中間の 16 ピクセル前後になるようにしたいので、font-size を 2vw と指定して可変にし、clamp() 関数を使用して変化する範囲を 12 〜 20 ピクセルに収めるように指定しています。

「2vw」は主要なタブレット（iPad）の画面幅 768px を基準に、16 ピクセルを vw に換算したサイズ「16 ÷ 768 × 100 ≒ 2vw」です。画面幅 600px で 12 ピクセル、画面幅 1000px で 20 ピクセルになるため、次のようにフォントサイズが変化します。

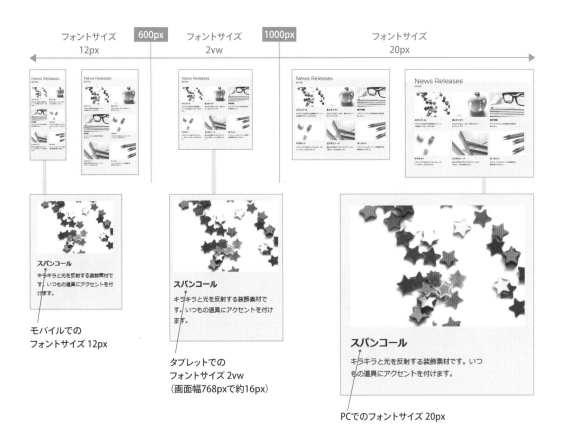

フォントサイズ 12px　600px　フォントサイズ 2vw　1000px　フォントサイズ 20px

モバイルでの
フォントサイズ 12px

タブレットでの
フォントサイズ 2vw
（画面幅768pxで約16px）

PCでのフォントサイズ 20px

なお、margin では < h3 > の上下にフォントサイズの 1 倍と 0.5 倍のサイズの余白を挿入しています。

概要文の表示

記事の概要文 <p> のフォントサイズは画面幅に合わせて 10 から 14 ピクセルに変化させます。タイトルと同じようにタブレットで表示したときのフォントサイズが中間の 12 ピクセル前後になるようにするため、font-size を 1.6vw と指定して可変にし、clamp() 関数を使用して変化する範囲を 10 〜 14 ピクセルに収めるようにしています。

「1.6vw」は主要なタブレット（iPad）の画面幅 768px を基準に、12 ピクセルを vw に換算したサイズ「12 ÷ 768 × 100 ≒ 1.6vw」です。画面幅 625px で 10 ピクセル、画面幅 875px で 14 ピクセルになるになるため、次のようにフォントサイズが変化します。

なお、max-width では概要文の最大幅を 20 文字分に指定しています。

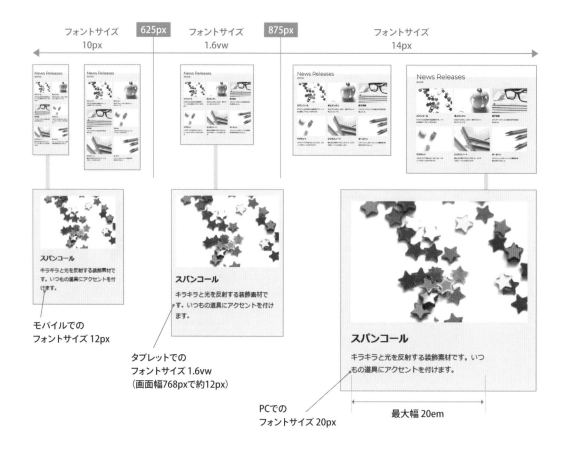

フォントサイズ 10px　625px　フォントサイズ 1.6vw　875px　フォントサイズ 14px

モバイルでの
フォントサイズ 12px

タブレットでの
フォントサイズ 1.6vw
（画面幅768pxで約12px）

PCでの
フォントサイズ 20px

最大幅 20em

リンクの設定

記事の画像、タイトル、概要文は <a> でマークアップし、リンクを設定してあります。そのままでもリンクは機能しますが、Chrome や Safari ではカーソルを重ねても P.83 で適用した :hover の設定が表示に反映されません。反映させるためには display を「block」と指定します。

display: block を適用していない場合、リンクにカーソルを重ねても表示が変化しません。

display: block を適用した場合、リンクにカーソルを重ねると画像の色合いが少し暗くなります。

タイル状に並べるレイアウト
CSS Gridで設定するケース

作成するページで採用した設定です。CSS Grid で複数のアイテムをタイル状に並べる場合、何列に並べるかを grid-template-columns で指定します。

たとえば、2列に並べる場合は「repeat(2, 1fr)」、3列に並べる場合は「repeat(3, 1fr)」と指定します。repeat() 関数では横幅が 1fr の列を何列作るかを指定しています。これによって等分割な横幅で2列や3列のグリッドが作成され、アイテムが自動配置されます。

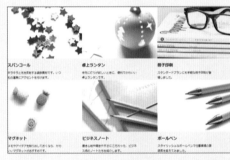

グリッドの構造。
2列×3行の構造
になります。

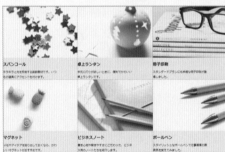

グリッドの構造。
3列×2行の構造
になります。

```css
.posts-container {
  display: grid;
  grid-template-columns: repeat(2, 1fr);
}

@media (min-width: 768px) {
  .posts-container {
    grid-template-columns: repeat(3, 1fr);
  }
}
```

```html
<section class="posts">
  <div class="posts-container">
    <article class="post">…</article>
    <article class="post">…</article>
    <article class="post">…</article>
    <article class="post">…</article>
    <article class="post">…</article>
    <article class="post">…</article>
  </div>
</section>
```

アイテムの間隔を調整する場合

アイテムの間隔は gap で調整します。「32px 25px」と指定すると、グリッドの行の間に 32 ピクセル、列の間に 25 ピクセルのギャップ（余白）が入ります。

行のギャップは row-gap、列のギャップは column-gap で指定することもできます。

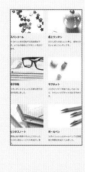
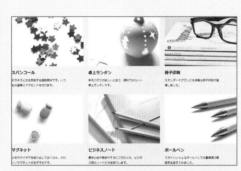

グリッドの構造。
行列の間にギャップ
が入ります。

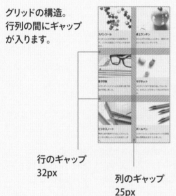
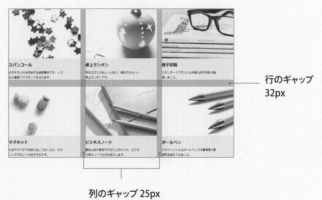

行のギャップ
32px

列のギャップ 25px

行のギャップ
32px

列のギャップ
25px

```css
.posts-container {
  display: grid;
  grid-template-columns: repeat(2, 1fr);
  gap: 32px 25px;
}

@media (min-width: 768px) {
  .posts-container {
    grid-template-columns: repeat(3, 1fr);
  }
}
```

```html
<section class="posts">
  <div class="posts-container">
    <article class="post">…</article>
    <article class="post">…</article>
    <article class="post">…</article>
    <article class="post">…</article>
    <article class="post">…</article>
    <article class="post">…</article>
  </div>
</section>
```

アイテム数を変える場合

アイテム数を変えると次のような表示になります。グリッドの行数はアイテム数に応じて自動的に変わります。

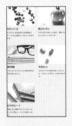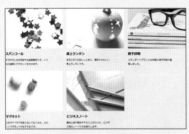

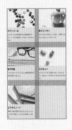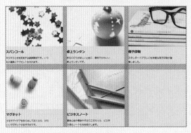

```
<section class="posts">
  <div class="posts-container">
    <article class="post">…</article>
    <article class="post">…</article>
    <article class="post">…</article>
    <article class="post">…</article>
    <article class="post">…</article>
  </div>
</section>
```

アイテム数を 5 件にしたときの表示。

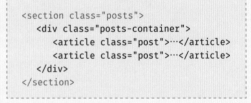

```
<section class="posts">
  <div class="posts-container">
    <article class="post">…</article>
    <article class="post">…</article>
  </div>
</section>
```

アイテム数を 2 件にしたときの表示。

アイテムの配置を指定する場合

アイテムは自動配置するだけでなく、グリッドのどこに配置するかを指定することもできます。配置の指定にはいくつかの方法がありますが、ここではグリッドの行列を区切るラインに割り振られたライン番号を使います。

たとえば、5件目のアイテムをグリッド上部に大きく配置するため、:nth-child(5) の配置先をgrid-column で列 ① のラインから2列分、grid-row で行 ① のラインから2行分に指定すると次のようになります。

なお、5件目の画像の縦横比は aspect-ratio で 3：2.5 にしています。

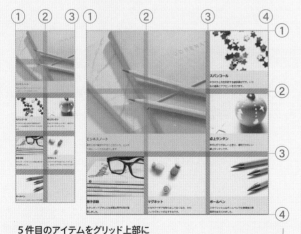

5件目のアイテムをグリッド上部に
大きく配置したもの。

ライン番号

```css
.posts-container {
    display: grid;
    grid-template-columns: repeat(2, 1fr);
    gap: 32px 25px;
}

.posts-container > :nth-child(5) {
    grid-column: 1 / span 2;
    grid-row: 1 / span 2;
}

.posts-container > :nth-child(5) img {
    aspect-ratio: 3 / 2.5;
}

@media (min-width: 768px) {
    .posts-container {
        grid-template-columns: repeat(3, 1fr);
    }
}
```

```html
<section class="posts">
   <div class="posts-container">
      <article class="post">…</article>
      <article class="post">…</article>
      <article class="post">…</article>
      <article class="post">…</article>
      <article class="post">…</article>
      <article class="post">…</article>
   </div>
</section>
```

タイル状に並べる列の数がコンテナの横幅に応じて変わるレイアウト

CSS Gridで設定するケース

メディアクエリ @media を使用せず、コンテナの横幅に応じて列数が自動的に変わるようにすることもできます。その場合、repeat() と minmax() を使って列の最小幅（アイテムの最小幅）を指定します。

たとえば、最小幅を 200 ピクセルに指定した場合、コンテナの横幅に合わせて次のように列数が変わります。最小幅で表示したときにコンテナの横幅に収まる数で列数が決まります。

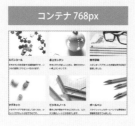

```
.posts-container {
    display: grid;
    grid-template-columns: repeat(auto-fit, minmax(200px, 1fr));
    gap: 32px 25px;
}
```

作成する列の数は「auto-fit」と指定。

各列の横幅のレンジを200ピクセル〜1frに指定。

auto-fitとauto-fill

「auto-fit」と並んで「auto-fill」という値もあります。この2つの違いは、すべてのアイテムが1行に並んだときの処理に現れます。

たとえば、アイテムの数を3件に減らし、コンテナの横幅が1024ピクセルのときの表示を確認してみます。すると、auto-fit では列数が3列のままコンテナに合わせた表示になるのに対し、auto-fill では空の列が作成され、4列の構造になることがわかります。

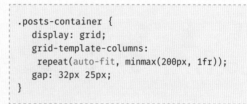

```
.posts-container {
  display: grid;
  grid-template-columns:
  repeat(auto-fit, minmax(200px, 1fr));
  gap: 32px 25px;
}
```

auto-fitと指定したときの
グリッドの構造。

```
.posts-container {
  display: grid;
  grid-template-columns:
  repeat(auto-fill, minmax(200px, 1fr));
  gap: 32px 25px;
}
```

auto-fillと指定したときの
グリッドの構造。

(!) この方法ではメディアクエリ @media を使わずにすみますが、「特定のブレークポイントで2列と3列を切り替える」といったコントロールは難しくなります。

159

タイル状に並べるレイアウト
Flexboxで設定するケース

Flexbox で複数のアイテムをタイル状に並べる場合、flex-wrap を「wrap」と指定し、複数行でのレイアウトを有効にします。その上で、何列に並べるかをアイテムの横幅 width で調整します。たとえば、2 列に並べる場合は 50%、3 列に並べる場合は 33.333% と指定します。

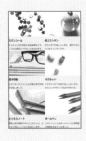
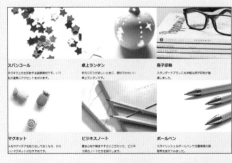

Flexboxの構造。

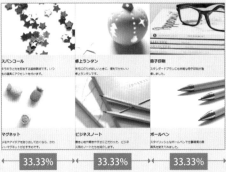

50%　50%

33.33%　33.33%　33.33%

```css
.posts-container {
    display: flex;
    flex-wrap: wrap;
}

.posts-container > * {
    width: 50%;
}

@media (min-width: 768px) {
    .posts-container > * {
        width: 33.33%;
    }
}
```

```html
<section class="posts">
  <div class="posts-container">
    <article class="post">…</article>
    <article class="post">…</article>
    <article class="post">…</article>
    <article class="post">…</article>
    <article class="post">…</article>
    <article class="post">…</article>
  </div>
</section>
```

アイテムの間隔を調整する場合（A）：gapで調整する方法

アイテムの間隔は CSS Grid のときと同じように gap で調整できます。「32px 25px」と指定
すると、行の間に 32 ピクセル、列の間に 25 ピクセルのギャップ（余白）が入ります。行のギャッ
プは row-gap、列のギャップは column-gap で指定することも可能です。

ただし、ギャップを入れた分だけアイテムの横幅を短くしないとレイアウトが崩れます。

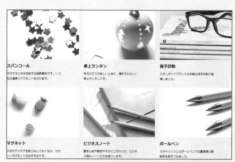

アイテムの横幅を短くしな
かったときの表示。

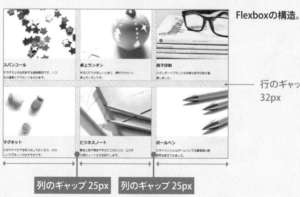

Flexboxの構造。

行のギャップ
32px

列のギャップ 25px

列のギャップ 25px　　列のギャップ 25px

```
.posts-container {
    display: flex;
    flex-wrap: wrap;
    gap: 32px 25px;
}

.posts-container > * {
    width: calc(50% - (25px * 1 / 2));
}

@media (min-width: 768px) {
    .posts-container > * {
        width: calc(33.33% - (25px * 2 / 3));
    }
}
```

2列に並べる場合のアイテムの横幅

横幅50%から、25pxのギャップ
1つ分を2分割したサイズを
引いています。

3列に並べる場合のアイテムの横幅

横幅33.33%から、25pxの
ギャップ2つ分を3分割したサ
イズを引いています。

アイテムの間隔を調整する場合（B）：justify-contentで調整する方法

シンプルに間隔を調整したい場合、列のギャップを指定せず、アイテムの横幅を短く指定して均
等に配置するという方法もあります。

たとえば、アイテムの横幅を2列に並べる場合は47%、3列に並べる場合は32%と指定し、
justify-contentで横方向の配置を「space-between」と指定すると次のような表示になり
ます。アイテムの間には2列では3%、3列では2%の余白が入ることになります。

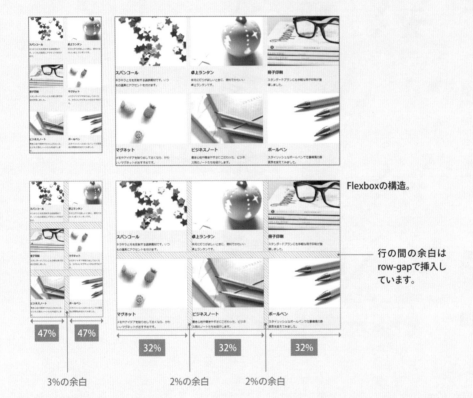

Flexboxの構造。

行の間の余白は
row-gapで挿入し
ています。

47%　47%

32%　32%　32%

3%の余白　　2%の余白　　2%の余白

```css
.posts-container {
    display: flex;
    flex-wrap: wrap;
    row-gap: 32px;
    justify-content: space-between;
}
```

```css
.posts-container > * {
    width: 47%;
}

@media (min-width: 768px) {
    .posts-container > * {
        width: 32%;
    }
}
```

アイテムの間隔を調整する場合（C）：アイテムの横幅に余白を含めて調整する方法

アイテムの横幅に余白を含めて間隔を調整する方法もあります。横幅を50%や33.33%から
短くする必要がないため、Bootstrapといった Flexbox を使ったフレームワークで使用されて
いることが多い方法です。

この方法ではアイテムの padding でパディング（余白）を入れ、box-sizing を「border-box」
と指定してパディングを横幅に含めて処理します。ここでは列の間に25px、行の間に32pxの
余白を入れるため、左右パディングを「12.5px」、下パディングを「32px」と指定しています。

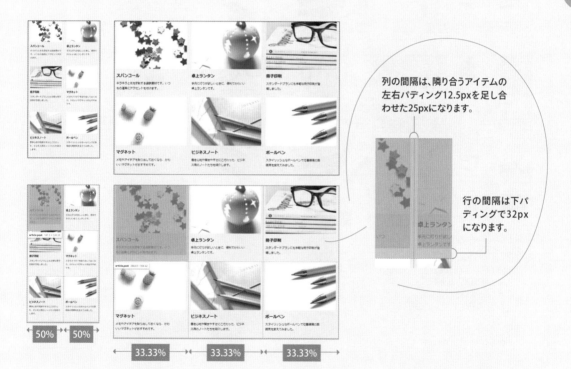

列の間隔は、隣り合うアイテムの
左右パディング12.5pxを足し合
わせた25pxになります。

行の間隔は下パ
ディングで32px
になります。

```
.posts-container {
    display: flex;
    flex-wrap: wrap;
}

.posts-container > * {
    width: 50%;
    padding: 0 12.5px 32px;
    box-sizing: border-box;
}
```

```
@media (min-width: 768px) {
    .posts-container > * {
        width: 33.33%;
    }
}
```

なお、前ページの設定ではアイテムの間ではない両サイドにも余白が入った状態になっています。これらの余白が表示に影響するのを防ぎ、アイテムをコンテナの横幅いっぱいに並べるためには、コンテナの margin で左右マージンを「-12.5px」、下マージンを「-32px」と指定します。

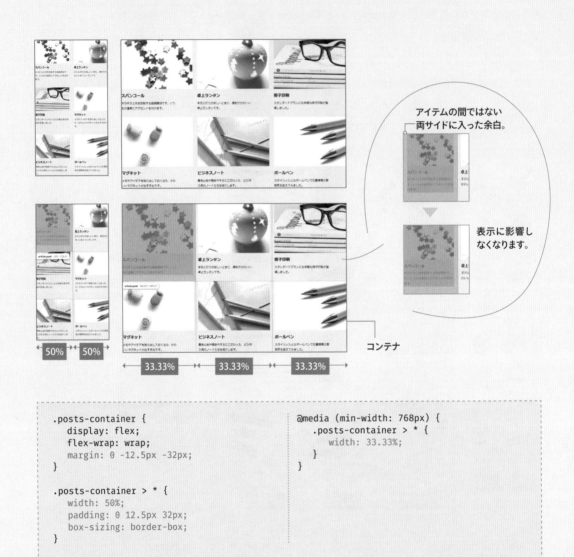

```
.posts-container {
  display: flex;
  flex-wrap: wrap;
  margin: 0 -12.5px -32px;
}

.posts-container > * {
  width: 50%;
  padding: 0 12.5px 32px;
  box-sizing: border-box;
}
```

```
@media (min-width: 768px) {
  .posts-container > * {
    width: 33.33%;
  }
}
```

アイテム数を変える場合

アイテム数を変えたときの表示も確認しておきます。たとえば、5件に変更すると次のような表示になります。アイテムの間隔を justify-content で調整している（B）については想定外の表示になるため、アイテム数が変わるケースでは（A）や（C）を使用するようにします。

(A)：gap で調整する方法

 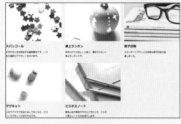  

(B)：justify-content で調整する方法

 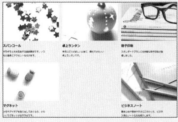  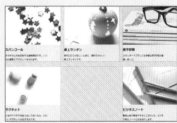

(C)：アイテムの横幅に余白を含めて調整する方法

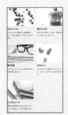 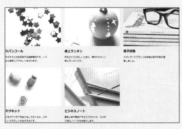  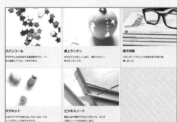

タイル状に並べる列の数がコンテナの横幅に応じて変わるレイアウト

Flexboxで設定するケース

タイル状に並べるときに、コンテナの横幅に応じて列数が自動的に変わるようにすることもできます。その場合、width でアイテムの最小幅を指定します。

たとえば、最小幅を 200 ピクセルに指定した場合、コンテナの横幅に合わせて次のように列数が変わります。最小幅で表示したときにコンテナの横幅に収まる数が列数になります。アイテムは固定幅になり、各行の右側に余剰スペースができます。

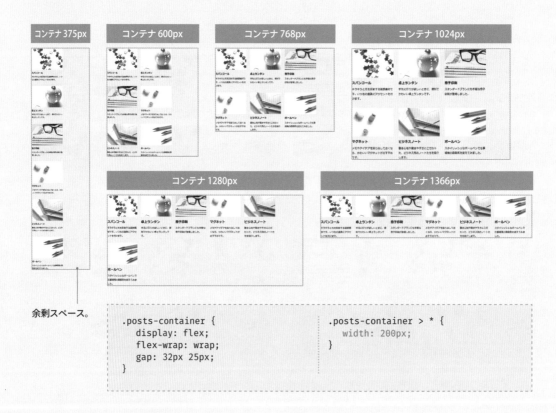

余剰スペース。

```
.posts-container {
    display: flex;
    flex-wrap: wrap;
    gap: 32px 25px;
}
```

```
.posts-container > * {
    width: 200px;
}
```

余剰スペースをなくす場合

余剰スペースをなくしたい場合は flex-grow を「1」と指定します。すると、アイテムの横幅が
伸長されるようになり、コンテナの横幅に合わせて表示されます。

ただし、最終行のアイテムも横幅いっぱいに引き伸ばされます。

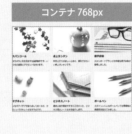

```css
.posts-container {            .posts-container > * {
    display: flex;                flex-grow: 1;
    flex-wrap: wrap;              width: 200px;
    gap: 32px 25px;           }
}
```

最終行のアイテムが引き伸ばされるのを回避したい場合、P.158 の CSS Grid で設定するケー
スを使用します。

画像によるレイアウトシフトを防ぐ

\<img>のwidth/height属性

Webページは画像の読み込みが完了する前に表示されます。そのため、画像が遅れて表示されると先に表示されていたコンテンツの表示位置がずれる「レイアウトシフト」が発生します。

レイアウトシフトはユーザーのストレスになるため、Googleが提唱しているUX向上の指標「Core Web Vitals（コアウェブバイタル）」では、レイアウトシフトの発生頻度をできるだけ少なくすることが求められています。

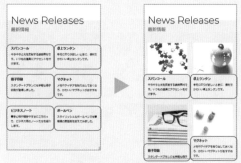

レイアウトシフトが発生しているケース。
画像が遅れて表示されると、先に表示されていたコンテンツの表示位置がずれてしまいます。

```
<img src="img/news01.jpg" alt="">
```

レイアウトシフトを防ぐためには、STEP 4-1のように\<img>のwidthとheight属性で画像のオリジナルサイズを指定します。すると、オリジナルサイズの縦横比で画像の表示スペースが確保されるようになります。

なお、ページ制作者が適用したaspect-ratioやwidth/heightによって画像の表示サイズが決まる場合、そのサイズでスペースが確保されます。たとえば、STEP 4-7のように「aspect-ratio: 3 / 2」を適用すると、3：2の縦横比でスペースが確保されるようになります。

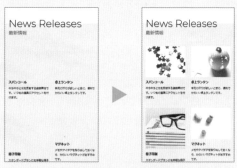

レイアウトシフトが発生しないようにしたケース。
画像の表示スペースが確保され、遅れて表示されても先に表示されていたコンテンツの表示位置に影響しません。

```
<img src="img/news01.jpg" alt=""
  width="1000" height="750">
```

HTML&CSS
MODERN CODING

FOOTER

フッター

✳✳✳

ページの下部に表示する「フッター」パーツを作成して
いきます。

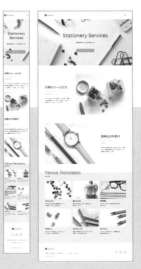

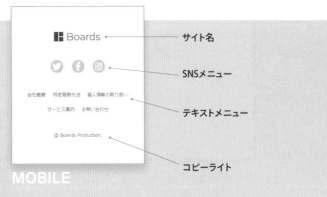

サイト名

SNSメニュー

テキストメニュー

コピーライト

MOBILE

Boards

会社概要　特定商取引法　個人情報の取り扱い　サービス案内　お問い合わせ

© Boards Production.

PC

ポイント

POINTS

╋ パーツの構成

フッターは、サイト名、SNS
メニュー、テキストメニュー、
コピーライトの4つのアイテム
で構成します。

╋ レイアウト

モバイルでは縦並びにします。
PCでは横並びにして両端に配
置しますが、右側にはSNSメ
ニューのみを配置します。

╋ レスポンシブ

画面幅に応じて縦並びと横並
びを切り替えます。テキストメ
ニューは必要に応じて折り返
して表示します。

自在に配置を変えるレイアウト

フッターのアイテムは画面幅に応じて右のように配置を変えます。Flexbox でも実現できなくはありませんが、ここでは自在に配置を変えるレイアウトが得意な CSS Grid を使用して設定していきます。

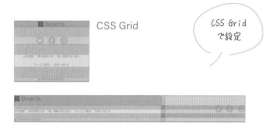

CSS Grid

CSS Grid で設定

中身に合わせたサイズで横並びにするレイアウト

Flexbox で設定

メニューのリンクを中身に合わせたサイズにして横に並べ、必要に応じて折り返しを入れるレイアウトです。CSS Grid は右のような形の折り返しを苦手とするため、ここではシンプルに設定できる Flexbox を使用します。

Flexbox

STEP BY STEP　　　　　　　　制作ステップ

フッターを追加　　　　メニューなどの表示を整える　　　　PC 版の表示を整えて完成

「フッター」パーツはこう表示したい

サイト名の表示

╋ 「ヘッダー」パーツのときと同じように、サイト名は SVG フォーマットのロゴ画像 (logo.svg) をオリジナ
ルサイズの 135 × 26 ピクセルで表示します。

ロゴ画像：
logo.svg（135 × 26 ピクセル）

SNSメニューの表示

╋ SNS メニューでは主要な SNS へのリンクを Font Awesome のアイコンで表示します。

╋ アイコンは白色にして、グレーの円の中で縦横中央に配置します。

╋ リンクの間隔は 24 ピクセルにします。

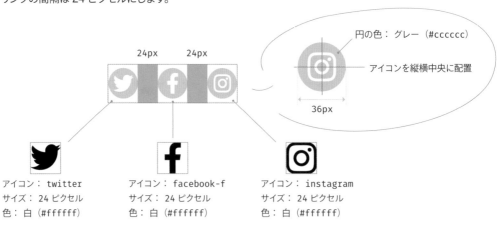

円の色：グレー（#cccccc）

アイコンを縦横中央に配置

36px

24px　　24px

アイコン：twitter
サイズ：24 ピクセル
色：白（#ffffff）

アイコン：facebook-f
サイズ：24 ピクセル
色：白（#ffffff）

アイコン：instagram
サイズ：24 ピクセル
色：白（#ffffff）

テキストメニューの表示

+ テキストメニューのリンクは横並びにします。

+ リンクの間隔は 20 ピクセルにします。

+ すべてのリンクが並びきらない場合は折り返し、行を変えて並べます。

+ 行の間隔も 20 ピクセルにします。

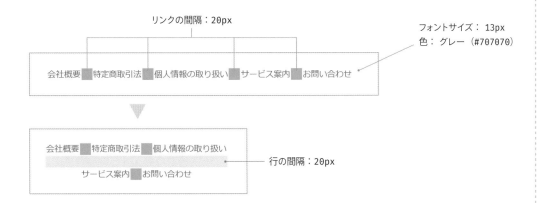

コピーライトの表示

+ コピーライトはテキストメニューのリンクと同じ色とフォントサイズで表示します。

5

FOOTER

✳✳✳

フッターの中身の配置

+ フッターの中身である4つのアイテム（サイト名、SNS メニュー、テキストメニュー、コピーライト）はモバイルでは縦並びに、PC では横並びにします。画面幅 768px をブレークポイントにして切り替えます。

+ 横並びにする際には SNS メニューを右側に、それ以外を左側に配置します。

+ アイテムの間には余白を入れて間隔を調整します。

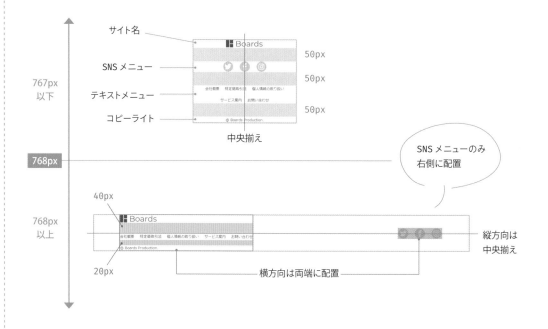

横幅と左右の余白

+ フッターの中身はヘッダーなどのコンテナと同じ横幅にして、左右に余白が入るようにします。

フッター全体と上下の余白

+ フッター全体は背景を白色（#ffffff）にして、常に画面の横幅いっぱいに表示します。

+ フッターの高さは指定せず、中身の高さによって変わるようにします。

+ フッターの上下には余白を入れます。サイズは変化させません。

どうやって実現するか

以上を実現するため、ヘッダーなどと同じように全体を構成するボックスと、中身の配置をコントロールするボックス（コンテナ）を用意し、2重構造にして作成していきます。

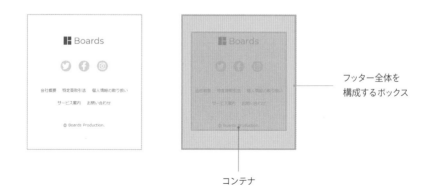

フッター全体を
構成するボックス

コンテナ

CHAPTER 5
FOOTER
5-1　フッターをマークアップする

＊＊＊

フッターを構成するサイト名、SNS メニュー、テキストメニュー、コピーライトを追加し、マークアップして表示します。

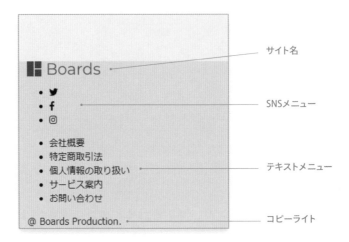

サイト名やメニューが表示されます。

```
    ...
  </section>

<footer class="footer">
  <div class="footer-container w-container">
    <div class="footer-site">
      <a href="index.html">
        <img src="img/logo.svg" alt="Boards" width="135" height="26">
      </a>
    </div>

    <ul class="footer-sns">
      <li>
        <a href="#">
          <i class="fab fa-twitter"></i>
          <span class="sr-only">Twitter</span>
```

```
                  </a>
              </li>
              <li>
                  <a href="#">
                      <i class="fab fa-facebook-f"></i>
                      <span class="sr-only">Facebook</span>
                  </a>
              </li>
              <li>
                  <a href="#">
                      <i class="fab fa-instagram"></i>
                      <span class="sr-only">Instagram</span>
                  </a>
              </li>
          </ul>

          <ul class="footer-menu">
              <li><a href="#"> 会社概要 </a></li>
              <li><a href="#"> 特定商取引法 </a></li>
              <li><a href="#"> 個人情報の取り扱い </a></li>           テキストメニュー
              <li><a href="content.html"> サービス案内 </a></li>
              <li><a href="#"> お問い合わせ </a></li>
          </ul>

          <div class="footer-copy">
              @ Boards Production.                                   コピーライト
          </div>
      </div>
  </footer>

</body>
```

フッター全体　 <footer class="footer">

フッター全体は <footer> でマークアップし、ページ下部に表示する「フッター」であることを
明示しています。クラス名は「footer」と指定し、他のパーツと区別できるようにしています。
2重構造の外側のボックスとなります。

コンテナ　<div class="footer-container">

<footer> 内にはパーツの中身である画像やテキストの配置をコントロールする <div> を用意
し、コンテナとしてクラス名を「footer-container」と指定しています。
さらに、横幅と左右の余白をヘッダーなどのコンテナと同じサイズにするため、P.48 で作成し
たクラス名「w-container」も指定しています。
２重構造の内側のボックスとなります。

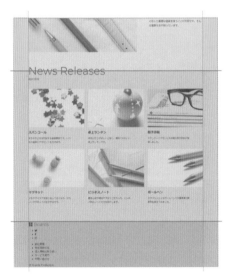

各パーツのコンテナ<div>の構造。横幅と左右の余白が同じサイズになっています。

サイト名　<div class="footer-site">

ヘッダーのサイト名と同じように <img> でロゴ画像
（logo.svg）を表示し、<a> でトップページ（index.
html）へのリンクを設定します。全体はフッターのサイト
名として <div class="footer-site"> でマークアップし
ています。

サイト名の表示。

SNSメニュー　　<ul class="footer-sns">

SNS メニューでは Twitter、Facebook、Instagram
のアイコンを表示するため、P.39 の手順で取得した Font
Awesome の設定 <i> を記述しています。スクリーンリー
ダー用のテキストは <span class="sr-only"> でマーク
アップします。

メニュー全体はリスト形式の情報として <ul><li> でマー
クアップし、クラス名を「footer-sns」と指定しています。

SNSメニューの表示。

テキストメニュー　　<ul class="footer-menu">

テキストメニューではテキストにリンクを設定し、リスト形
式の情報として <ul><li> でマークアップしています。クラ
ス名は「footer-menu」と指定し、SNS メニューと区
別できるようにしています。

なお、「サービス案内」のリンク先は「content.html」
と指定し、Chapter 6 以降に作成するコンテンツページ
にアクセスできるようにしています。

- 会社概要
- 特定商取引法
- 個人情報の取り扱い
- サービス案内
- お問い合わせ

テキストメニューの表示。

コピーライト　　<div class="footer-copy">

コピーライトは <div class="footer-copy"> でマーク
アップしています。

@ Boards Production.

コピーライトの表示。

フッターの基本的な表示を整える

***

フッターの背景色や上下の余白サイズなどを調整し、基本的な表示を整えます。フッターの中身である4つのアイテム（サイト名、SNSメニュー、テキストメニュー、コピーライト）は中央に揃え、間に余白を入れて間隔を調整します。

SNSメニューはPC版では右側に配置するため、配置の調整が得意なCSS Gridを使って設定していきます。

```
...
.heading span {
    display: block;
    color: #666666;
    font-size: 18px;
}

/* フッター */
.footer {
    padding: 70px 0;
    background-color: #ffffff;
    color: #707070;
    font-size: 13px;
}

.footer-container {
    display: grid;
    gap: 50px;
    justify-items: center;
}
```

style.css

フッターの基本的な表示が整います。

フッターの背景色と上下の余白

フッター全体は背景を白くするため、<footer class=
"footer"> の background-color を白色（#ffffff）に指
定しています。padding では上下に 70 ピクセルの余白
を挿入しています。

70px

70px

テキストの色とフォントサイズ

フッター内のテキストの色とフォントサイズを、<footer
class="footer"> の color でグレー（#707070）に、
font-size で 13 ピクセルに指定しています。

アイテムの間隔と配置

４つのアイテムの間隔と配置を調整するため、アイテム
の直近の親要素であるコンテナ <div class="footer-
container"> の display を「grid」と指定しています。
これで、<div class="posts-container"> は「グリッド
コンテナ」、直近の子要素は「グリッドアイテム」となります。

アイテム数に合わせて１列× ４行のグリッドが作成され
ますので、gap で行の間隔を 50 ピクセルに、justify-
items で横方向の配置を「center（中央）」に指定して
います。

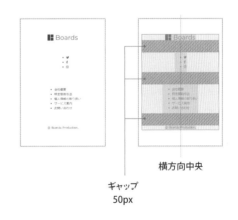

横方向中央

ギャップ
50px

5

FOOTER

5-3 SNSメニューの表示を整える

✳✳✳

SNS メニューの表示を整えます。そのため、標準で挿入されるリストマークと余白を削除し、アイコンを横並びにします。ここではシンプルに設定できる Flexbox を使って横並びにしていきます。

SNSメニューのアイコンが横並びになります。

```
/* 基本 */
…
h1, h2, h3, h4, h5, h6, p, figure, ul {
    margin: 0;
    padding: 0;
    list-style: none;
}

…
/* フッター */
.footer {
    padding: 70px 0;
    background-color: #ffffff;
    color: #707070;
    font-size: 13px;
}

.footer-container {
    display: grid;
    gap: 50px;
    justify-items: center;
}

/* フッター：SNS メニュー */
.footer-sns {
    display: flex;
    gap: 24px;
    font-size: 24px;
}
```

style.css

標準で挿入されるリストマークと余白の削除

ブラウザの UA スタイルシートにより、メニューをマークアップした <ul> にはリストマークと余白
（上下マージンと左パディング）が標準で挿入されています。

これらが表示に影響するのを防ぐため、P.70 で追加したマージンを削除する基本設定を <ul>
にも適用します。さらに、パディングとリストマークを削除する「padding: 0」と「list-style:
none」も適用します。

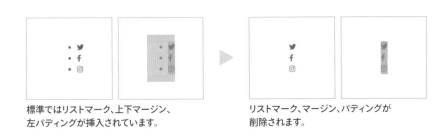

標準ではリストマーク、上下マージン、
左パディングが挿入されています。

リストマーク、マージン、パディングが
削除されます。

> (!) セレクタで指定している <ul> 以外の要素（<h1> ～ <h6>、<p>、<figure>）には
> 標準で挿入されるリストマークやパディングがないため、「padding: 0」や「list-style:
> none」を適用しても表示には影響しません。

アイコンを横並びにする

SNS メニューの３つのアイコン <li> を横並びにするため、直近の親要素である <ul class=
"footer-sns"> の display を「flex」と指定します。

これで、<ul class="footer-sns"> は「フレックスコンテナ」、直近の子要素 <li> は「フレッ
クスアイテム」となり、横に並びます。アイコンの間隔は gap で、サイズは font-size で 24 ピ
クセルに指定しています。

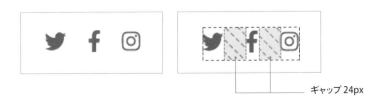

ギャップ 24px

5-4 アイコンを円の中に表示する

✳︎✳︎✳︎

SNS メニューのアイコンを白色にして、グレーの円の中に表示します。

アイコンがグレーの円の中に表示されます。

```
…
/* フッター：SNS メニュー */
.footer-sns {
    display: flex;
    gap: 24px;
    font-size: 24px;
}

.footer-sns a {
    display: grid;
    place-items: center;
    width: 36px;
    aspect-ratio: 1 / 1;
    background-color: #cccccc;
    color: #ffffff;
    clip-path: circle(50%);
}

@supports not (aspect-ratio: 1 / 1) {
    .footer-sns a {
        height: 36px;
    }
}
```

style.css

アイコンを正方形の中に表示する

アイコンを円の中に表示するため、まずはグレーの正方形の中に表示し、縦横中央に配置します。
ここではアイコン <i> の直近の親要素 <a> が構成するボックスを正方形にするため、width
で横幅を 36 ピクセルに、aspect-ratio で縦横比を 1：1 に指定し、background-color で
背景色をグレー（#cccccc）に、color でアイコンを白色（#ffffff）にしています。

アイコンは「ヒーロー」パーツのときと同じように CSS Grid を使って縦横中央に配置するため、
<a> の display を「grid」、place-items を「center」と指定しています。

アイコンをグレーの正方形の
中に表示。

アイコンを縦横中央に配置。

(!) 「ヒーロー」パーツではアイテムが 3 つあったため、justify-items と align-content
を使いましたが、ここではアイテムが 1 つだけなため、place-items で縦横中央に配置
しています。詳しくは P.85 を参照してください。

(!) P.148 と同じように、@supports では aspect-ratio に未対応なブラウザ用の設定を
記述しています。ここでは高さを横幅と同じサイズにするため、height を「36px」と
指定しています。

円形に切り抜く

正方形にしたボックスを円形に切り抜くため、clip-path の circle() 関数を「50%」と指定し
ています。

円形に切り抜かれます。

テキストメニューの表示を
整える

✳✳✳

テキストメニューのリンクを横並びにして、表示を整えます。並べたリンクには必要に応じて折り返しが入るようにします。

画面幅が狭いと折り返しが入ります。

画面幅を広げると折り返しが入らなくなります。

```css
…
/* フッター：SNS メニュー */
.footer-sns {
    display: flex;
    gap: 24px;
    font-size: 24px;
}

.footer-sns a {
    display: grid;
    place-items: center;
    width: 36px;
    aspect-ratio: 1 / 1;
    background-color: #cccccc;
    color: #ffffff;
    clip-path: circle(50%);
}

@supports not (aspect-ratio: 1 / 1) {
    .footer-sns a {
        height: 36px;
    }
}

/* フッター：テキストメニュー */
.footer-menu {
    display: flex;
    flex-wrap: wrap;
    justify-content: center;
    gap: 20px;
}
```

style.css

リンクを横並びにする

テキストメニューの5つのリンク <li> を横並びにします。SNS メニューのときと同じように
<li> の直近の親要素である <ul class= "footer-menu"> の display を「flex」と指定する
とリンクが横並びになりますので、gap で間隔を調整します。

ただし、小さい画面では各リンクの横幅が短くなり、リンク内のテキストに改行が入ります。

横並びにしたリンク。

5

FOOTER

リンクの間に折り返しを入れる

リンクの間に折り返しが入るようにするため、flex-wrap を「wrap」と指定します。justify-
content ではリンクを中央揃えにしています。

flex-wrapでリンクの間
に折り返しを挿入。

justify-contentでリン
クを中央揃えに指定。

画面幅を変えて表示を確認する

画面幅を変えて表示を確認すると、折り返しの入る位置が変わることがわかります。画面幅が
大きくなると、折り返しは入らなくなります。

5-6 2列×3行のグリッドを 作成する

✳✳✳

STEP 5-5 までの設定でモバイル版は完成です。ここからは、PC 版の表示を整えていきます。まずは、横並びのレイアウトに切り替えるため、コンテナで作成しているグリッドを 2 列の構造にします。設定はメディアクエリ @media (min-width: 768px) { 〜 } 内に記述し、画面幅が 768px 以上のときのみに適用します。

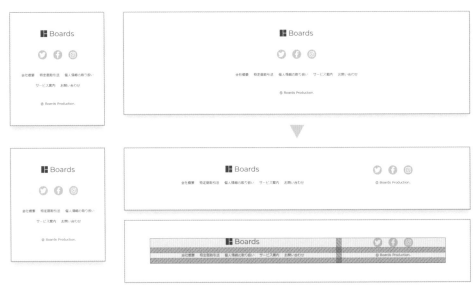

大きい画面ではアイテムが横並びになります。

```
/* フッター */                          @media (min-width: 768px) {
.footer {                                 .footer-container {
  padding: 70px 0;                          grid-template-columns: auto auto;
  background-color: #ffffff;                grid-template-rows: auto auto auto;
  color: #707070;                           gap: 20px;
  font-size: 13px;                        }
}                                       }

.footer-container {                     /* フッター：SNS メニュー */
  display: grid;                        ...
  gap: 50px;
  justify-items: center;
}
```

style.css

PC版の配置をどうやって実現するかを検討する

PC 版では 4 つのアイテムのうち、SNS メニューのみを右側に配置し、それ以外を左側に配置したレイアウトにします。この配置をどうやって実現するかを検討します。

PC版で実現したい配置。

各アイテムを区切るラインを引いてみると、2列×3行のグリッドを作成すれば配置が実現できそうです。そのため、次のようにグリッドを設定していきます。

アイテムを区切るラインを引いてみたもの。

2列×3行のグリッドを作成する

コンテナ <div class="footer-container"> で作成したグリッドを 2 列× 3 行の構造にするため、grid-template-columns で各列の横幅を「auto auto」、grid-template-rows で各行の高さを「auto auto auto」と指定しています。「auto」では配置したアイテムに合わせて行列のサイズが調整されます。
gap では行列の間隔を 20 ピクセルに指定しています。

これで 4 つのアイテムが 2 列× 3 行のグリッドに自動配置され、右のように表示されます。グリッドの構造を確認すると 2 行しかないように見えますが、3 行目には配置されたアイテムがないため、この段階では高さが 0 になっています。

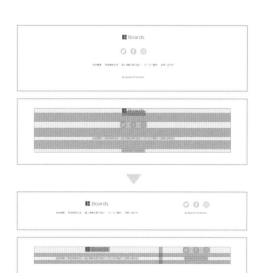

2列×3行のグリッド。3行目は高さが0になっています。

※「auto auto」は「repeat(2, auto)」、「auto auto auto」は
「repeat(3, auto)」と記述することもできます。

CHAPTER 5
FOOTER
5-7

SNSメニューのみを右側に配置する

✳✳✳

SNS メニューを右側に、それ以外のアイテムを左側に配置します。

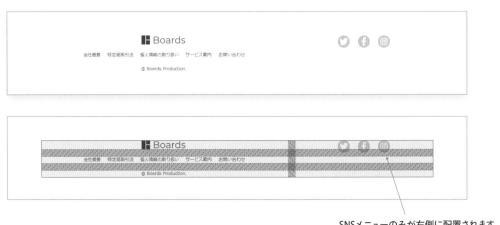

SNSメニューのみが右側に配置されます。

```css
/* フッター */
.footer {
    padding: 70px 0;
    background-color: #ffffff;
    color: #707070;
    font-size: 13px;
}


.footer-container {
    display: grid;
    gap: 50px;
    justify-items: center;
}
```

```css
@media (min-width: 768px) {
    .footer-container {
        grid-template-columns: auto auto;
        grid-template-rows: auto auto auto;
        gap: 20px;
    }

    .footer-container > .footer-sns {
        grid-column: 2;
        grid-row: 1 / 4;
    }
}

/* フッター：SNS メニュー */
…
```

style.css

SNSメニューの配置を指定する

STEP 5-6 の段階では、SNS メニューは 2 列目の 1 行目に自動配置されています。

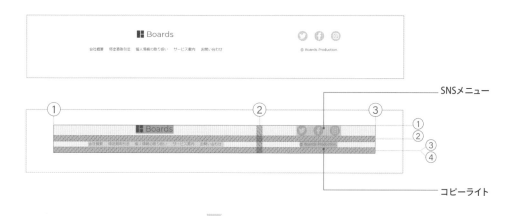

SNS メニューは 2 列目のすべての行を使った配置にします。配置の指定にはいくつかの方法がありますが、ここではグリッドの行列を区切るラインに割り振られたライン番号を使い、<ul class="footer-sns"> の grid-column を「2」、grid-row を「1 / 4」と指定しています。これにより、SNS メニューは列②のラインから 1 列分、grid-row では行①から④のラインまで（3 行分）を使って配置されます。

その結果、コピーライトは 1 列目の 3 行目に自動配置され、2 列目には SNS メニューのみが配置された形になります。

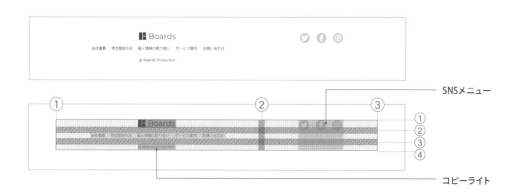

5-8 アイテムを両端に配置する

✳✳✳

１列目のアイテム（SNS メニュー以外）は左端、２列目のアイテム（SNS メニュー）は右端
に揃え、コンテナの両端に配置します。
サイト名の下の余白サイズを大きくしたら、「フッター」パーツは完成です。

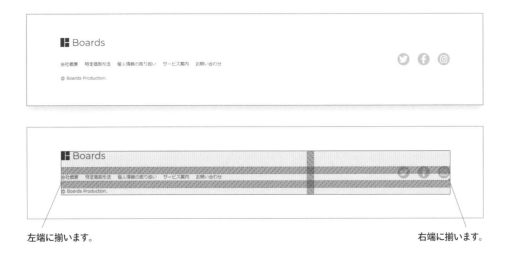

左端に揃います。　　　　　　　　　　　　　　　　　　　　　　　　　　　　　右端に揃います。

```css
...
.footer-container {
    display: grid;
    gap: 50px;
    justify-items: center;
}

@media (min-width: 768px) {
    .footer-container {
        grid-template-columns: auto auto;
        grid-template-rows: auto auto auto;
        gap: 20px;
    }

    .footer-container > .footer-site {
        margin-bottom: 20px;
    }

    .footer-container > *:not(.footer-sns) {
        justify-self: start;
    }

    .footer-container > .footer-sns {
        grid-column: 2;
        grid-row: 1 / 4;
        justify-self: end;
        align-self: center;
    }
}

/* フッター：SNS メニュー */
...
```

style.css

アイテムを揃える位置を調整する

STEP 5-7 の段階では、フッターのアイテムは横方向の配置が中央に揃えられています。これは、STEP 5-2 でコンテナ <div class="footer-container"> の justify-items を「center」と指定しているためです。

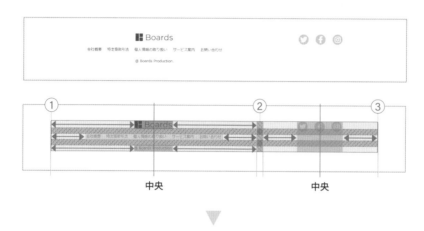

コンテナの justify-items で指定した設定は、各アイテムの justify-self で変更できます。そのため、1 列目のアイテム（SNS メニュー以外）は justify-self を「start」と指定して左端に、2 列目のアイテム（SNS メニュー）は justify-self を「end」と指定して右端に揃えます。

さらに、SNS メニューは縦方向中央に揃えるため、align-self を「center」と指定しています。

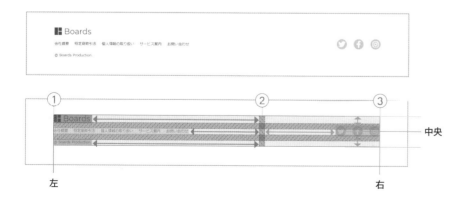

サイト名の下の余白サイズを調整する

サイト名の下には 40 ピクセルの余白を入れます。ただし、サイト名の下には STEP 5-6 で指定したグリッドのギャップで 20 ピクセルの余白が入っています。ギャップを大きくすると他のアイテムの間隔まで変わってしまいます。

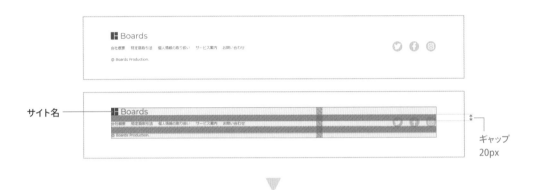

ここではギャップのサイズを変えずに対応するため、<div class="footer-site"> の margin-bottom を「20px」と指定しています。これで 20 ピクセルの下マージンが追加され、サイト名の下の余白サイズがギャップと合わせて 40 ピクセルになります。

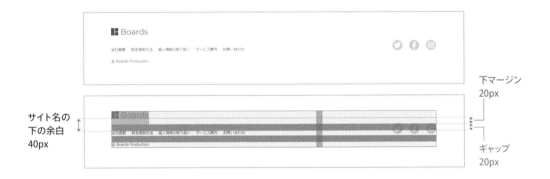

画面幅を変えて表示を確認する

画面幅を変えたときの表示も確認しておきます。ブレークポイントの画面幅 768px で縦並びと横並びのレイアウトが切り替わり、次のように表示されます。

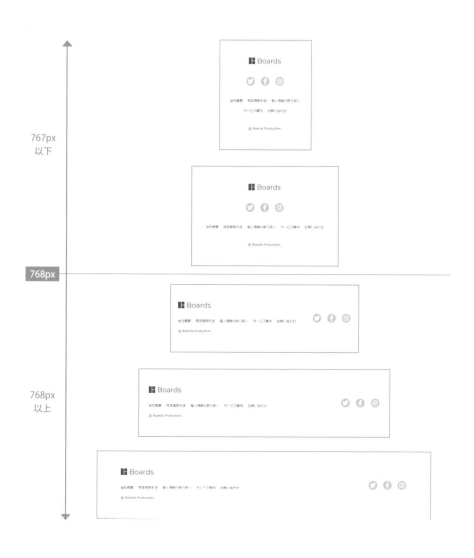

トップページ全体の表示を確認する

* * *

ブレークポイント

768px

768px以下

320px	375px	414px	600px	768px

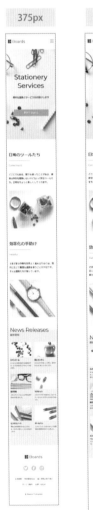

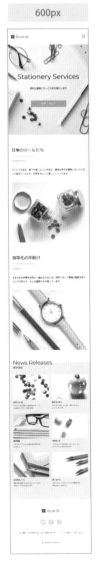

メディアクエリで設定したブレークポイント

ここまでの設定で、トップページは完成です。画面幅に合わせて各パーツが問題なく表示されることを確認しておきます。次の章からは、トップページを元にコンテンツページを作成していきます。

768px以上

自在に配置を変更するレイアウト

CSS Gridで設定するケース

作成するページで採用した設定です。CSS Grid ではグリッドの構造とアイテムの配置次第で、
さまざまなレイアウトに対応できます。フッターのレイアウトの場合、モバイル版では 1 列×4 行、
PC 版では 2 列×3 行のグリッドを使って SNS メニューの配置をコントロールしています。

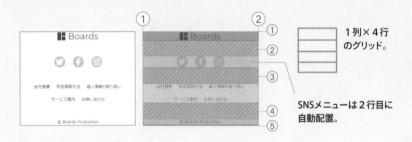

1 列×4 行
のグリッド。

SNSメニューは 2 行目に
自動配置。

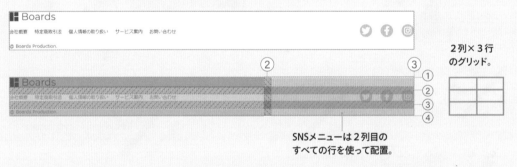

2 列×3 行
のグリッド。

SNSメニューは 2 列目の
すべての行を使って配置。

```
.footer-container {
  display: grid;
  gap: 50px;
  justify-items: center;
}

@media (min-width: 768px) {
  .footer-container {
    grid-template-columns: auto auto;
    grid-template-rows: auto auto auto;
    gap: 20px;
  }
}
```

PC版のグリッドの構造を指定。

```
.footer-container > *:not(.footer-sns) {
  justify-self: start;
}

.footer-container > .footer-sns {
  grid-column: 2;
  grid-row: 1 / 4;
  justify-self: end;
  align-self: center;
}
}
```

PC版のSNSメニューの配置先を指定。

```html
<footer class="footer">
  <div class="footer-container">
    <div class="footer-site">…</div>
    <ul class="footer-sns">…</ul>
    <ul class="footer-menu">…</ul>
    <div class="footer-copy">…</div>
  </div>
</footer>
```

(!) PC版のSNSメニューの配置先は grid-column で列②に、grid-row で行①～④に指定しています。これらの値は次のようにさまざまな形で指定することができます。マイナスのライン番号は逆サイドから割り振られているもので、最終ラインなどを指定するのに便利です。

列の配置先   行の配置先

```
grid-column: 2;                     grid-row: 1 / 4;


grid-column: 2 / 3;                 grid-row: 1 / -1;


grid-column: 2 / -1                 grid-row: 1 / span 3;


grid-column: 2 / span 1;
```

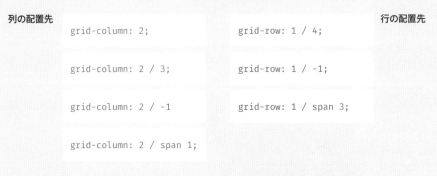

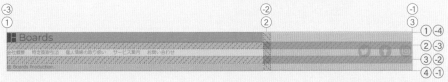

(!) SNSメニューの配置先を列②、行①～④に指定すると、必然的に2列×3行のグリッドが作成されます。そのため、グリッドの構造を指定する grid-template-columns と grid-template-rows は省略することも可能です。

省略した場合、行列のサイズは「auto」で処理されます。また、マイナスのライン番号は割り振られなくなりますので注意が必要です。

```
.footer-container {                 .footer-container > *:not(.footer-sns) {
  display: grid;                      justify-self: start;
  gap: 50px;                        }
  justify-items: center;
}                                   .footer-container > .footer-sns {
                                      grid-column: 2;
@media (min-width: 768px) {           grid-row: 1 / 4;
  .footer-container {                 justify-self: end;
    gap: 20px;                        align-self: center;
  }                                 }
                                  }
```

grid-template-columnsとgrid-template-rowsの指定を削除。

199

配置をエリアでコントロールする場合

アイテムの配置は CSS Grid のエリアの機能で設定することもできます。この方法では grid-template-areas を使って　各セルにエリア名を付けることで、グリッドの構造を指定します。grid-area ではアイテムをどのエリアに配置するかを指定します。

たとえば、「site」「sns」「menu」「copy」の 4 つのエリアを用意し、各エリアにサイト名、SNS メニュー、テキストメニュー、コピーライトを配置すると次のようになります。

site
sns
menu
copy

1列×4行
のグリッド。

2列×3行
のグリッド。

site	sns
menu	sns
copy	sns

```
.footer-site {
  grid-area: site;
}
.footer-sns {
  grid-area: sns;
}
.footer-menu {
  grid-area: menu;
}
.footer-copy {
  grid-area: copy;
}

.footer-container {
  display: grid;
  grid-template-areas:
    "site"
    "sns"
    "menu"
    "copy";
  gap: 50px;
  justify-items: center;
}
```

```
@media (min-width: 768px) {
  .footer-container {
    grid-template-areas:
      "site sns"
      "menu sns"
      "copy sns";
    gap: 20px;
  }

  .footer-container
      > *:not(.footer-sns) {
    justify-self: start;
  }

  .footer-container
      > .footer-sns {
    justify-self: end;
    align-self: center;
  }
}
```

```
<footer class="footer">
  <div class="footer-container">
    <div class="footer-site">…</div>
    <ul class="footer-sns">…</ul>
    <ul class="footer-menu">…</ul>
    <div class="footer-copy">…</div>
  </div>
</footer>
```

PC版のグリッドの構造を指定。

モバイル版のグリッドの構造を指定。

空行を入れて余白サイズを大きくする場合

サイト名の下の余白サイズは、STEP 5-8 では下マージンを入れて大きくしましたが、空行を追加してギャップを2つ入れて大きくするという方法もあります。

たとえば、配置をエリアでコントロールしている場合、何も配置しないセルはピリオド「.」で示すことができます。そのため、2行目を「. sns」と指定すると空行になり、サイト名の下にギャップが2つ入ります。

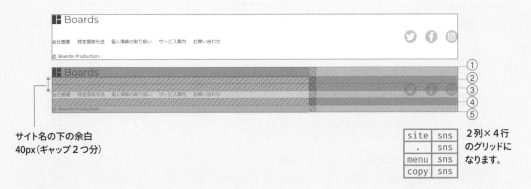

サイト名の下の余白
40px（ギャップ2つ分）

site	sns
.	sns
menu	sns
copy	sns

2列×4行
のグリッドに
なります。

```css
.footer-site {
  grid-area: site;
}
.footer-sns {
  grid-area: sns;
}
.footer-menu {
  grid-area: menu;
}
.footer-copy {
  grid-area: copy;
}

.footer-container {
  display: grid;
  grid-template-areas:
    "site"
    "sns"
    "menu"
    "copy";
  gap: 50px;
  justify-items: center;
}
```

```css
@media (min-width: 768px) {
  .footer-container {
    grid-template-areas:
      "site sns"
      ". sns"
      "menu sns"
      "copy sns";
    gap: 20px;
  }

  .footer-container
          > *:not(.footer-sns) {
    justify-self: start;
  }

  .footer-container
          > .footer-sns {
    justify-self: end;
    align-self: center;
  }
}
```

空行を追加する設定。

```html
<footer class="footer">
  <div class="footer-container">
    <div class="footer-site">…</div>
    <ul class="footer-sns">…</ul>
    <ul class="footer-menu">…</ul>
    <div class="footer-copy">…</div>
  </div>
</footer>
```

自在に配置を変更するレイアウト

Flexboxで設定するケース

Flexbox ではアイテムを縦または横に並べて配置をコントロールし、コントロールしきれない部分は position などを組み合わせてカバーします。

たとえば、フッターのレイアウトを実現する場合、flex-direction を「column」と指定してアイテムを縦並びにします。PC 版でも縦並びのままにしておき、SNS メニューのみを position で右側に配置すると次のようになります。

Flexboxの構造

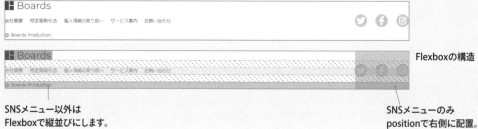

Flexboxの構造

SNSメニュー以外は
Flexboxで縦並びにします。

SNSメニューのみ
positionで右側に配置。

```css
.footer-container {
  display: flex;
  flex-direction: column;
  gap: 50px;
  align-items: center;
}

@media (min-width: 768px) {
  .footer-container {
    gap: 20px;
    align-items: flex-start;
    position: relative;
  }
}
```

```css
.footer-container > .footer-sns {
  position: absolute;
  top: 0;
  right: 0;
  height: 100%;
  align-items: center;
  }
}

/* フッター：SNS メニュー */
.footer-sns {
  display: flex;
  gap: 24px;
  font-size: 24px;
}
```

```html
<footer class="footer">
  <div class="footer-container">
    <div class="footer-site">…</div>
    <ul class="footer-sns">…</ul>
    <ul class="footer-menu">…</ul>
    <div class="footer-copy">…</div>
  </div>
</footer>
```

(!) SNS メニュー <ul class="footer-sns"> は position でコンテナの右側に配置し、
height を「100%」と指定して高さをコンテナに揃えています。
ただし、それだけではアイコンが上部に揃った配置になります。

コンテナが構成するボックス

コンテナの
高さ

SNSメニュー <ul class="footer-sns">
が構成するボックス

SNS メニュー <ul class="footer-sns"> では STEP 5-5 でアイコンを横並びにする
ため、Flexbox が使われています。そのため、<ul> の align-items を「center」と
指定すれば、アイコンを縦方向中央に配置できます。

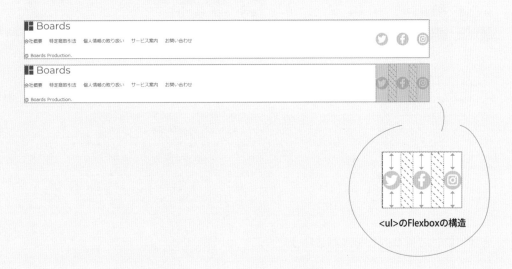

<ul>のFlexboxの構造

中身に合わせたサイズで横並びにする
レイアウト

Flexboxで設定するケース

中身に合わせたサイズでアイテムを横並びにするレイアウトは、Flexbox では display を「flex」と指定するだけで設定できます。アイテムの間隔は gap で調整します。

会社概要	特定商取引法	個人情報の取り扱い	サービス案内	お問い合わせ

Flexboxの構造

会社概要	特定商取引法	個人情報の取り扱い	サービス案内	お問い合わせ

Flexboxの構造

```css
.footer-menu {
    display: flex;
    gap: 20px;
}
```

```html
<ul class="footer-menu">
  <li><a href="#"> 会社概要 </a></li>
  <li><a href="#"> 特定商取引法 </a></li>
  <li><a href="#"> 個人情報の取り扱い </a></li>
  <li><a href="content.html"> サービス案内 </a></li>
  <li><a href="#"> お問い合わせ </a></li>
</ul>
```

必要に応じて折り返しを入れる場合

必要に応じてアイテムの間に折り返しを入れる場合、flex-wrap を「wrap」と指定し、複数行でのレイアウトを有効にします。折り返しが入る仕組みは、P.166 の「タイル状に並べる列の数がコンテナの横幅に応じて変わるレイアウト」と同じです。

会社概要　特定商取引法　個人情報の取り扱い

サービス案内　お問い合わせ

会社概要　特定商取引法　個人情報の取り扱い　Flexboxの構造
サービス案内　お問い合わせ

会社概要　特定商取引法　個人情報の取り扱い　サービス案内　お問い合わせ

会社概要　特定商取引法　個人情報の取り扱い　サービス案内　お問い合わせ　Flexboxの構造

```css
.footer-menu {
    display: flex;
    flex-wrap: wrap;
    gap: 20px;
}
```

```html
<ul class="footer-menu">
  <li><a href="#"> 会社概要 </a></li>
  <li><a href="#"> 特定商取引法 </a></li>
  <li><a href="#"> 個人情報の取り扱い </a></li>
  <li><a href="content.html"> サービス案内 </a></li>
  <li><a href="#"> お問い合わせ </a></li>
</ul>
```

中央揃えにする場合

並べたアイテムを中央揃えにする場合は justify-content を「center」と指定します。フッター
のテキストメニューではこの設定を採用しています。

会社概要　特定商取引法　個人情報の取り扱い

サービス案内　お問い合わせ

会社概要　特定商取引法　個人情報の取り扱い　Flexboxの構造
サービス案内　お問い合わせ

会社概要　特定商取引法　個人情報の取り扱い　サービス案内　お問い合わせ

会社概要　特定商取引法　個人情報の取り扱い　サービス案内　お問い合わせ　Flexboxの構造

```css
.footer-menu {
    display: flex;
    flex-wrap: wrap;
    justify-content: center;
    gap: 20px;
}
```

```html
<ul class="footer-menu">
  <li><a href="#"> 会社概要 </a></li>
  <li><a href="#"> 特定商取引法 </a></li>
  <li><a href="#"> 個人情報の取り扱い </a></li>
  <li><a href="content.html"> サービス案内 </a></li>
  <li><a href="#"> お問い合わせ </a></li>
</ul>
```

中身に合わせたサイズで横並びにする
レイアウト
CSS Gridで設定するケース

中身に合わせたサイズでアイテムを横並びにするレイアウトは、CSS Grid では display を「grid」、grid-auto-flow を「column」と指定して設定します。さらに、次のサンプルでは justify-content でアイテムを中央揃えに、gap で間隔を 20 ピクセルに指定しています。

グリッドの構造

グリッドの構造

```
.footer-menu {
    display: grid;
    grid-auto-flow: column;
    justify-content: center;
    gap: 20px;
}
```

```
<ul class="footer-menu">
  <li><a href="#"> 会社概要 </a></li>
  <li><a href="#"> 特定商取引法 </a></li>
  <li><a href="#"> 個人情報の取り扱い </a></li>
  <li><a href="content.html"> サービス案内 </a></li>
  <li><a href="#"> お問い合わせ </a></li>
</ul>
```

(!) justify-content が未指定の場合、「stretch」と指定したものとして処理され、各アイテムが横幅いっぱいに引き伸ばされます。

必要に応じて折り返しを入れる場合

CSS Grid で必要に応じて折り返しを入れる場合、P.158 の「タイル状に並べる列の数がコンテナの横幅に応じて変わるレイアウト」の設定を使用します。

たとえば、grid-template-columns の repeat() と minmax() で列の最小幅を 6em（6文字分）に指定すると、次のようになります。最小幅を中身に合わせた横幅「auto」に指定することはできません。

グリッドの構造

グリッドの構造

```css
.footer-menu {
    display: grid;
    grid-template-columns:
        repeat(auto-fit, minmax(6em, auto));
    justify-content: center;
    gap: 20px;
}
```

```html
<ul class="footer-menu">
  <li><a href="#"> 会社概要 </a></li>
  <li><a href="#"> 特定商取引法 </a></li>
  <li><a href="#"> 個人情報の取り扱い </a></li>
  <li><a href="content.html"> サービス案内 </a></li>
  <li><a href="#"> お問い合わせ </a></li>
</ul>
```

CSS Grid で右のように並べるためにはアイテムごとの配置を細かく調整するといった対処が必要になるため、P.205 のように Flexbox を使って設定することをおすすめします。

| 会社概要　　特定商取引法　　個人情報の取り扱い |
| サービス案内　　お問い合わせ |

クリッピングパスで切り抜く

clip-path

clip-path を使用すると、クリッピングパスでコンテンツを切り抜くことができます。クリッピングパスの形状は circle() や polygon() といった関数で指定します。P.184 では circle() で SNS メニューのリンクを円形に切り抜いています。

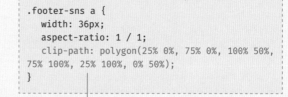

```
.footer-sns a {
    width: 36px;
    aspect-ratio: 1 / 1;
    clip-path: circle(50%);
}
```

円の半径をボックスの長辺の50%に指定。

polygon() ではさまざまな形状のクリッピングパスを作成できます。次のオンラインツールを利用すると、主要な形状の設定を取得することが可能です。
たとえば、六角形（Hexagon）の設定を取得して切り抜いてみると、右のようになります。

```
.footer-sns a {
    width: 36px;
    aspect-ratio: 1 / 1;
    clip-path: polygon(25% 0%, 75% 0%, 100% 50%,
75% 100%, 25% 100%, 0% 50%);
}
```

コピーした六角形の設定。

Hexagonを選択。

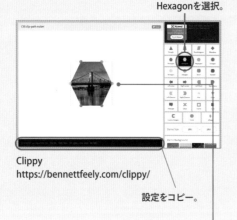

Clippy
https://bennettfeely.com/clippy/

設定をコピー。

ポイントをドラッグして形状を調整することもできます。

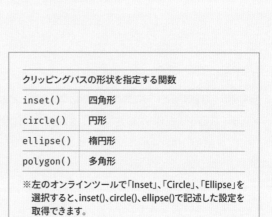

クリッピングパスの形状を指定する関数	
inset()	四角形
circle()	円形
ellipse()	楕円形
polygon()	多角形

※左のオンラインツールで「Inset」、「Circle」、「Ellipse」を選択すると、inset()、circle()、ellipse()で記述した設定を取得できます。

Chapter

6

記事

HTML&CSS
MODERN CODING

ENTRY

記事

***

コンテンツページを作成し、「記事」パーツを表示していきます。

MOBILE

ヘッダー画像

タイトルと
サブタイトル

本文

PC

サービス案内

Services

身近にあふれるたくさんの文具や事務用品。こうしたステーショナリーは仕事に欠かせないものであるのと同時に、毎日を楽しくしてくれるものであり、クリエイティブを刺激してくれるものでもあります。

そして、デジタル化が進んだ現在では、スマートフォンやパソコンの中で便利な道具が必要とされるようになっています。

Boadsではサブスクリプションの形式で、さまざまな道具の提供、販売、貸し出しなどのサービスを展開しています。

主要都市にある工房スペースでは、最新の３Dプリンターやレーザーカッター、旋盤などの各種工具などもご利用いただけます。

もちろん、オンライン上の便利な制作・管理ツールも取り揃えていますので、どんどん活用してください。

ポイント

POINTS

＋ パーツの構成

ヘッダー画像、タイトルとサブ
タイトル、本文で構成します。
本文は5つの段落で構成して
います。

＋ レイアウト

ヘッダー画像は画面の横幅
いっぱいに表示。タイトルと
本文の横幅は大きくなりすぎ
ないように調整します。

＋ レスポンシブ

画面幅に合わせてタイトルや
本文のフォントサイズが変わる
ようにします。

記事本文のレイアウト

記事本文のレイアウトでは、本文を構成する要素の間隔をどう調整するかがポイントとなります。作成するページの場合、本文を構成する要素は段落のみで、段落の間に同じサイズの余白を入れるだけですので、CSS Grid や Flexbox のギャップで設定するのが簡単です。ただし、本文には段落以外にもさまざまな要素が追加され、要素ごとに上下の余白サイズを変えることになる可能性があります。そのため、ここでは要素ごとに上下の余白サイズを調整しやすいマージンを使って設定していきます。

Margin

要素ごとの上下マージンで
余白を入れて間隔を調整。

今回はこちら
で設定

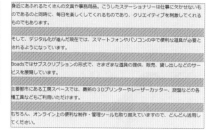

CSS Grid / Flexbox

CSS GridまたはFlexboxの
ギャップで同じサイズの余
白を入れて間隔を調整。

STEP BY STEP

制作ステップ

記事を表示

横幅や余白を調整

段落の間隔を調整して完成

「記事」パーツはこう表示したい

ヘッダー画像

+ ヘッダー画像は画面の横幅いっぱいに表示します。

+ 画像はオリジナルの縦横比を維持した形で変化させます。

+ ただし、画像の高さが 400 ピクセル以上になる場合は画像の中央を切り出して表示します。

+ 画像の下には余白を入れ、タイトルとの間隔を調整します。

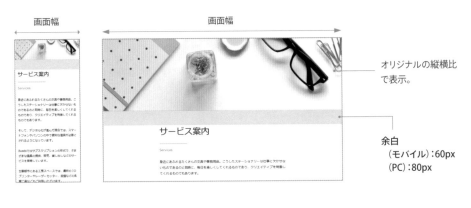

オリジナルの縦横比
で表示。

余白
（モバイル）：60px
（PC）：80px

最大
400px

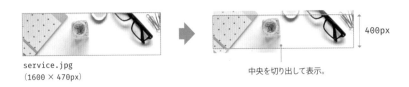

service.jpg
（1600 × 470px）

中央を切り出して表示。

400px

タイトルとサブタイトル

➕ タイトルとサブタイトルは Chapter 3 の「画像とテキスト」のタイトル部分と同じ設定になっています。

➕ ただし、PC 版のタイトルのフォントサイズのみ、「画像とテキスト」の設定よりも大きくします。

赤色の短い線

- 色： 赤（#b72661）
- 長さ： 160 ピクセル
- 太さ： 1 ピクセル

タイトル

- フォントサイズ
  （モバイル）：30px
  （PC）：40px
- フォントの太さ： Regular（400）

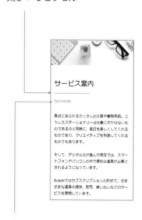

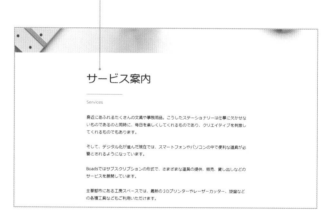

サブタイトル

- フォント： Montserrat
- フォントサイズ：18px
- フォントの太さ： Regular（400）
- 色： グレー（#707070）

タイトルの下の余白：
タイトルのフォントサイズの 0.6 倍

サブタイトルの上の余白：
サブタイトルのフォントサイズの 1 倍

サブタイトルの下の余白：
サブタイトルのフォントサイズの 2 倍

「画像とテキスト」パーツのタイトル部分

✳✳✳

本文

╋ 本文のフォントサイズは画面幅に合わせて変化させます。

╋ 本文は 5 つの段落で構成し、段落の間には文章 1 行分の余白を入れます。

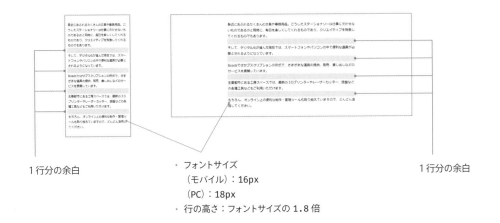

1 行分の余白

・ フォントサイズ
　　（モバイル）：16px
　　（PC）：18px
・ 行の高さ：フォントサイズの 1.8 倍

1 行分の余白

横幅と左右の余白

╋ タイトルと本文はヘッダーなどのコンテナと同じ横幅にして、左右に余白が入るようにします。

╋ ただし、最大幅は 720 ピクセルにします。

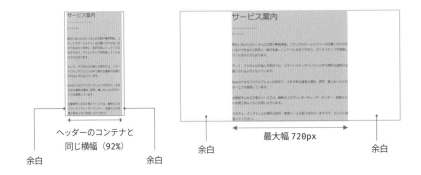

ヘッダーのコンテナと
同じ横幅（92%）

余白　　　　　　余白

最大幅 720px

余白　　　　　　余白

（！）　720 ピクセルは、フォントサイズ 18 ピクセルで表示したときに 1 行が 40 文字になるサイズです。

パーツ全体

╋ パーツ全体は背景を白色（#ffffff）にして、常に画面の横幅いっぱいに表示します。

╋ パーツの高さは指定せず、記事の高さによって変わるようにします。

╋ パーツの下には余白を入れて、画面幅に合わせてサイズを変化させます。

90px

画面幅

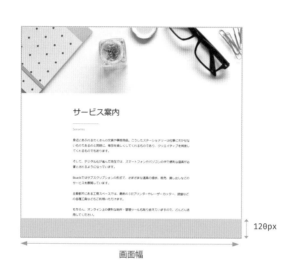

120px

画面幅

どうやって実現するか

ここではヘッダー画像、タイトル、本文を個別にコントロールできるようにするため、パーツ全体を構成するボックスと２つのコンテナを用意し、３重構造にして作成していきます。

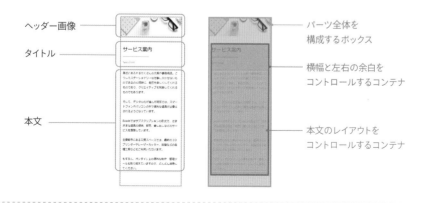

ヘッダー画像

タイトル

本文

パーツ全体を構成するボックス

横幅と左右の余白をコントロールするコンテナ

本文のレイアウトをコントロールするコンテナ

✳✳✳

CHAPTER 6
ENTRY

6-1 コンテンツページを作成する

＊＊＊

コンテンツページを作成するため、P.26 で web フォルダ内に用意した content.html を編集していきます。ここではトップページと同じ「ヘッダー」パーツを表示した状態にします。

コンテンツページにヘッダーが表示されます。

- (!) 「ヘッダー」と「フッター」はトップページと共通したものにして、同じサイトのページであることがわかるようにします。

- (!) ここでは「フッター」は追加していません。これから作成する「記事」の背景がフッターと同じ白色なため、パーツの区切りがわからなくなり、作業を進めにくくなるためです。「フッター」はコンテンツページを完成させる段階で追加します。

コンテンツページにHTMLの基本設定とヘッダーの設定を追加する

content.html には、トップページと同じ HTML の基本設定（赤字部分）を追加し、ページのタイトルを「サービス案内 | Boards」にしています。<body> 内にはヘッダー <header class="header"> の設定を追加します。

いずれの設定も、トップページからコピーしてくるのが簡単です。

```
<!DOCTYPE html>                                                          基本設定
<html lang="ja">
<head>
    <meta charset="UTF-8">
    <meta name="viewport" content="width=device-width">
    <title>サービス案内 | Boards</title>

    <link rel="preconnect" href="https://fonts.gstatic.com">
    <link href="https://fonts.googleapis.com/css2?family=Montserrat:wght@300;400&display=s
    wap" rel="stylesheet">

    <link href="https://use.fontawesome.com/releases/v5.15.3/css/all.css"
    integrity="sha384-SZXxX4whJ79/gErwcOYf+zWLeJdY/qpuqC4cAa9rOGUstPomtqpuNWT9wdPEn2fk"
    crossorigin="anonymous" rel="stylesheet">

    <link href="style.css" rel="stylesheet">
</head>
<body>

<header class="header">                                                   ヘッダー
    <div class="header-container w-container">
      <div class="site">
          <a href="index.html">
              <img src="img/logo.svg" alt="Boards" width="135" height="26">
          </a>
      </div>

      <button class="navbtn">
          <i class="fas fa-bars"></i>
          <span class="sr-only">MENU</span>
      </button>
    </div>
</header>

</body>
</html>
```

content.html

web ◀ index.html content.html style.css img

記事をマークアップする

✳✳✳

記事を構成するヘッダー画像、タイトルとサブタイトル、本文を追加してマークアップします。

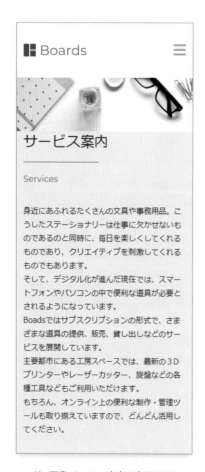

ヘッダー画像、タイトル、本文が表示されます。

```
...
</header>

<article class="entry">
 <figure class="entry-img">
  <img src="img/service.jpg" alt=""
   width="1600" height="470">
 </figure>

 <div class="w-container">
  <h1 class="heading-decoration">サービス案内 </h1>
  <p>Services</p>

  <div class="entry-container">
   <p> 身近にあふれるたくさんの文具や事務用品。こうしたス
    テーショナリーは仕事に欠かせないものであるのと同時に、
    毎日を楽しくしてくれるものであり、クリエイティブを刺激して
    くれるものでもあります。</p>
   <p> そして、デジタル化が進んだ現在では、スマートフォンや
    パソコンの中で便利な道具が必要とされるようになっていま
    す。</p>
   <p>Boads ではサブスクリプションの形式で、さまざまな道具
    の提供、販売、貸し出しなどのサービスを展開しています。
    </p>
   <p> 主要都市にある工房スペースでは、最新の３Ｄプリンター
    やレーザーカッター、旋盤などの各種工具などもご利用いた
    だけます。</p>
   <p> もちろん、オンライン上の便利な制作・管理ツールも取り揃
    えていますので、どんどん活用してください。</p>
  </div>
 </div>
</article>

</body>
```

content.html

パーツ全体　<article class="entry">

パーツ全体は <article> でマークアップし、記事であることを明示しています。クラス名は「entry」と指定し、他のパーツと区別できるようにしています。3重構造の一番外側のボックスとなります。

ヘッダー画像　<figure class="entry-img">

ヘッダー画像（service.jpg）は <img> で表示し、図版として <figure> でマークアップしています。装飾的な画像として <img> の alt 属性は空にし、width と height では画像のオリジナルサイズを指定しています。

横幅と左右の余白をコントロールするコンテナ　<div class="w-container">

ヘッダー画像以外（タイトルと本文）は、横幅と左右の余白をヘッダーのコンテナと同じサイズに揃えます。そのため、<div> でマークアップし、横幅と左右の余白をコントロールするコンテナとしてP.48 で作成したクラス名「w-container」を指定しています。

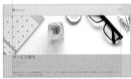

各パーツのコンテナ<div>の構造。横幅と左右の余白が同じサイズになります。

タイトルとサブタイトル　<h1><p>

「画像とテキスト」パーツのタイトル部分と同じ設定で表示するため、タイトルを <h1> で、サブタイトルを <p> でマークアップし、<h1> に P.108 で作成したクラス名「heading-decoration」を指定しています。

本文のレイアウトをコントロールするコンテナ　<div class="entry-container">

本文は各段落を <p> で、全体を <div> でマークアップしています。<div> にはレイアウトをコントロールするコンテナとしてクラス名を「entry-container」と指定しています。

記事の背景色と下の余白サイズを整える

✳✳✳

記事全体の背景色を白色にし、下部の余白サイズを調整します。

記事の背景が白色になり、下に余白が入ります。

```css
@charset "UTF-8";

/* 基本 */
:root {
    --v-space: clamp(90px, 9vw, 120px);
}
…


/* フッター：テキストメニュー */
.footer-menu {
    display: flex;
    flex-wrap: wrap;
    justify-content: center;
    gap: 20px;
}

/* 記事 */
.entry {
    padding-bottom: var(--v-space);
    background-color: #ffffff;
}
```

style.css

記事の背景色と下の余白

記事全体は背景を白くするため、<article class="entry"> の background-color を白色（#ffffff）に指定し、padding-bottom で下に余白を挿入しています。

下の余白サイズは画面幅に合わせて 90 から 120 ピクセルに変化させます。これは「記事一覧」パーツの上下の余白と同じサイズで、サイズの値は P.136 で作成した変数「--v-space」で管理しています。そのため、padding-bottom の値は「var(--v-space)」と指定します。

これにより、下の余白サイズは clamp(90px, 9vw, 120px) で処理され、次のように画面幅に合わせてサイズが変わるようになります。

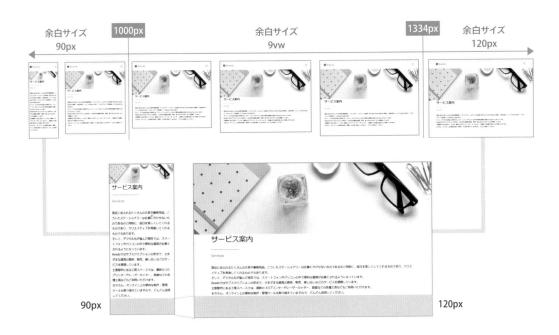

ヘッダー画像の表示を整える

＊＊＊

ヘッダー画像の表示は STEP 6-3 の画面幅では整っているように見えますが、画面幅をさらに大きくすると、画像がオリジナルの横幅 1600 ピクセルより大きくならないことがわかります。画像は常に画面幅に合わせて表示したいので、横幅の設定を調整します。さらに、高さの最大値も指定して表示を整えます。

画面幅1800pxでの
表示。

画像が横幅1600px
より大きくならず、
余白が入ります。

調整後の表示。

画像が画面幅に合わせ
たサイズになり、余白も
入らなくなります。

```css
/* 基本 */
…
img {
    display: block;
    max-width: 100%;
    height: auto;
}
…

/* 記事 */
```

```css
.entry {
    padding-bottom: var(--v-space);
    background-color: #ffffff;
}

.entry-img img {
    width: 100%;
    max-height: 400px;
    object-fit: cover;
}
```

style.css

オリジナルより大きいサイズに拡大する

画像 <img> の横幅は P.104 で max-width を「100%」と指定し、親要素に合わせたサイズ
で表示するようにしています。ただし、この設定ではオリジナルより大きいサイズには拡大され
ません。ヘッダー画像のように画面幅に合わせて表示する画像の場合、必要に応じて拡大する
ことを許可するため、width を「100%」と指定します。

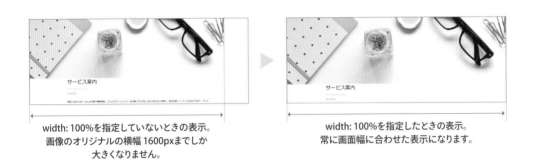

width: 100%を指定していないときの表示。
画像のオリジナルの横幅 1600pxまでしか
大きくなりません。

width: 100%を指定したときの表示。
常に画面幅に合わせた表示になります。

高さの最大値を指定する

画像 <img> はオリジナルの縦横比を維持した表示になるため、画面幅が大きくなると画像
の高さも大きくなります。ここでは高さが必要以上に大きくなるのを防ぐため、高さの最大値を
max-height で 400 ピクセルに指定しています。object-fit は「cover」と指定し、画像の
中央を切り出して表示します。

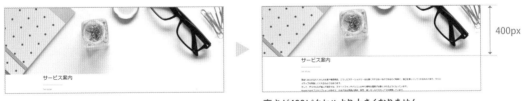

高さが400ピクセルより大きくなりません。

ヘッダー画像とタイトルの間隔を調整する

✳✳✳

ヘッダー画像の下に余白を入れて、タイトルとの間隔を調整します。

ヘッダー画像の下に余白が入ります。

```
@charset "UTF-8";

/* 基本 */
:root {
    --v-space: clamp(90px, 9vw, 120px);
}
…

/* 記事 */
.entry {
    padding-bottom: var(--v-space);
    background-color: #ffffff;
```

```
}

.entry-img img {
    width: 100%;
    max-height: 400px;
    object-fit: cover;
    margin-bottom: calc(var(--v-space) * 2 / 3);
}
```

style.css

画像の下の余白

画像 <img> の下に入れる余白サイズは画面幅に合わせて60から80ピクセルに変化させます。
このサイズは、変数「--v-space」で管理している「90から120ピクセルに変化させる余白」
の3分の2のサイズです。
そのため、余白サイズは margin-bottom で「calc(var(--v-space) * 2 / 3)」と指定してい
ます。これにより、下マージンが clamp(90px, 9vw, 120px) の3分の2のサイズで処理され、
次のように画面幅に合わせてサイズが変わります。

(!) margin-bottom の値を「clamp(60px, 6vw, 80px)」と指定しても、同じ表示結果
になります。

タイトルと本文の最大幅を調整する

✳✳✳

タイトルと本文の最大幅を調整します。ここでは 720 ピクセルより大きくならないように指定します。

最大幅が720px
になります。

```
/* 横幅と左右の余白 */
.w-container {
    width: min(92%, 1166px);
    margin: auto;
    position: relative;
}

/* ヘッダー */
…
/* 記事 */
.entry {
    padding-bottom: var(--v-space);
    background-color: #ffffff;
```

```
}

.entry-img img {
    width: 100%;
    max-height: 400px;
    object-fit: cover;
    margin-bottom: calc(var(--v-space) * 2 / 3);
}

.entry .w-container {
    max-width: 720px;
}
```

style.css

最大幅の調整

記事のタイトルと本文はコンテナ <div class="w-container'> でマークアップしているため、
P.48 の設定により、横幅が 92%、最大幅が 1166 ピクセルになっています。

92%

最大幅 1166px

ここでは最大幅のみを 720 ピクセルに変更したいので、<div class="w-container"> の
max-width を「720px」と指定しています。セレクタは「.entry .w-container」と指定し、
記事パーツのコンテナのみに設定を適用しています。

92%

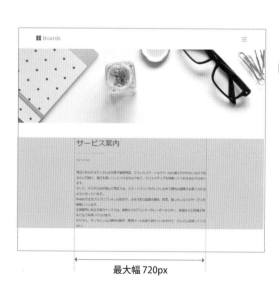

最大幅 720px

他のパーツの
コンテナには
影響しません。

227

6-7 タイトルと本文のフォントサイズ を調整する

✳︎✳︎✳︎

タイトルと本文のフォントサイズを調整し、PC 版での表示が大きくなるようにします。

タイトルと本文の
フォントサイズが大
きくなります。

```
/* タイトルとサブタイトル（赤色の短い線で装飾）*/
.heading-decoration {
    font-size: clamp(30px, 3vw, 40px);
    min-height: 0vw;
    font-weight: 400;
}

...

/* 記事 */
.entry {
    padding-bottom: var(--v-space);
    background-color: #ffffff;
}
```

```
...
.entry .w-container {
    max-width: 720px;
}

.entry .heading-decoration {
    font-size: clamp(30px, 6.25vw, 48px);
}

.entry-container {
    font-size: clamp(16px, 2.4vw, 18px);
}
```

style.css

タイトルと本文のフォントサイズ

タイトル <h1 class="heading-decoration"> のフォントサイズは、P.108 の設定で 30 〜
40 ピクセルに変化するように設定してあります。ここでは、30 〜 48 ピクセルに変化するよう
に設定します。

このとき、主要なタブレットの画面幅（768px）以上で 48 ピクセルのフォントサイズにするため、
font-size を 6.25vw に、clamp() 関数で変化する範囲を 30 〜 48 ピクセルに指定しています。
「6.25vw」は画面幅 768px を基準に 48 ピクセルを vw に換算したサイズ「48 ÷ 768 ×
100 ＝ 6.25vw」です。

本文 <div class="entry-container"> のフォントサイズは未指定なため、ブラウザ標準の 16
ピクセルで表示されています。ここでは 16 〜 18 ピクセルに変化させるため、font-size を 2.4vw
に、clamp() 関数で変化する範囲を 16 〜 18 ピクセルに指定しています。「2.4vw」は画面幅
768px を基準に 18 ピクセルを vw に換算したサイズ「18 ÷ 768 × 100 ≒ 2.4vw」です。
これで、次のようにフォントサイズが変化するようになります。

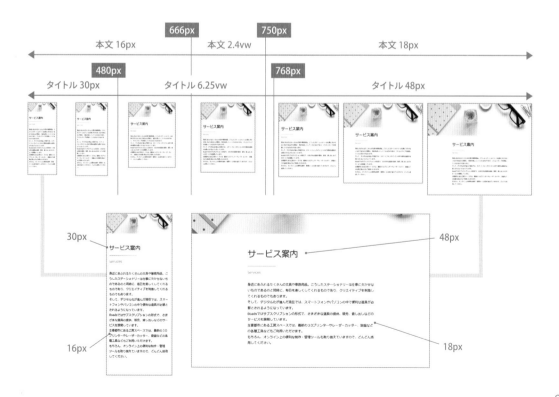

229

本文の構成要素の間隔を
ブラウザ標準の設定にする

***

本文を構成する要素の間隔はいろいろな方法で調整できますが、ここでは要素ごとにサイズを変更しやすい上下マージンで調整します。ただし、さまざまな要素が本文中に追加される可能性を考えると、個別に調整するのは手間がかかります。そのため、ブラウザが標準で挿入する上下マージンで余白を入れ、必要最低限の間隔を確保します。

段落の間にブラウザ標準の余白が入ります。

```
/* 基本 */                                }
...                                       ...
h1, h2, h3, h4, h5, h6, p, figure, ul {   .entry-container {
    margin: 0;                                font-size: clamp(16px, 2.4vw, 18px);
    padding: 0;                           }
    list-style: none;
}                                         .entry-container
                                          :where(h1, h2, h3, h4, h5, h6, p, figure, ul) {
...                                           margin-top: revert;
/* 記事 */                                    margin-bottom: revert;
.entry {                                      padding: revert;
    padding-bottom: var(--v-space);           list-style: revert;
    background-color: #ffffff;            }
```

style.css

上下マージンをブラウザ標準の設定にする

作成中のページで本文を構成している要素は段落 <p> だけですが、他にも見出し <h1> ～ <h6>、画像 <figure>、リスト <ul> といったさまざまな要素が本文中に追加される可能性があります。こうした要素にはブラウザが標準で適用する UA スタイルシートによって上下マージンが挿入され、必要最低限の間隔が確保される仕組みになっています。しかし、標準の上下マージンは P.70 で追加した基本設定「margin: 0」で削除しています。

ここではブラウザ標準の上下マージンを入れるため、margin-top と margin-bottom を「revert」と指定します。セレクタは「.entry-container :where(h1, h2, h3, h4, h5, h6, p, figure, ul)」と指定し、本文 <div class="entry-container"> 内の見出し <h1> ～ <h6>、段落 <p>、画像 <figure>、リスト <ul> に適用しています。
表示を確認すると、本文内の段落 <p> の間に余白が入ったことがわかります。

上下マージンを入れていないときの表示。

ブラウザ標準の上下マージンを入れた表示。

(!) <p> の上下マージンは STEP 6-9 でサイズを調整するため、ここで「revert」に設定しなくても問題はありません。

(!) 複数の適用先をまとめて指定する場合、:is() か :where() を使用します。ここではセレクタの詳細度を高くしないようにするため、:where() を使用しています。詳しくは P.244 ～ 245 を参照してください。

(!) 「margin: revert」と指定すると、<figure> の左右マージンがブラウザ標準の設定になり、本文中に画像を追加すると左右に余白が入ります。左右マージンは削除したままにするため、ここでは margin-top と margin-bottom を「revert」と指定しています。

段落 <p> の場合、ブラウザ標準の上下マージンは「1em（フォントサイズの1倍）」に設定されています。画面幅375px での <p> のフォントサイズは 16 ピクセルなため、次のように各段落の上下に 16 ピクセルのマージンが入った形になります。隣接する上下マージンには重ね合わせの処理が適用されるため、段落の間隔は 32 ピクセルではなく、16 ピクセルになります。

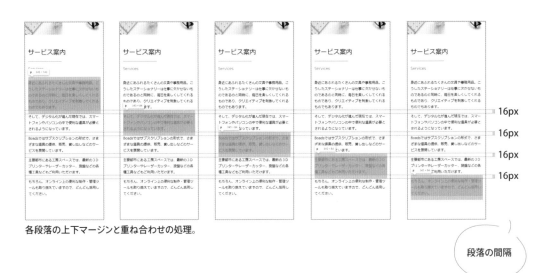

各段落の上下マージンと重ね合わせの処理。

段落の間隔

段落以外の要素を追加したときの表示を確認してみる

段落以外の要素を追加したときの表示も確認してみます。たとえば、段落の間に見出し <h2> を追加してみると、<h2> の上下にもブラウザ標準の上下マージンが入ることがわかります。この上下マージンは少し大きい 19.92 ピクセルのサイズになっています。重ね合わせの処理では大きい方のマージンが採用されるため、見出しと段落の間隔は 19.92 ピクセルとなります。

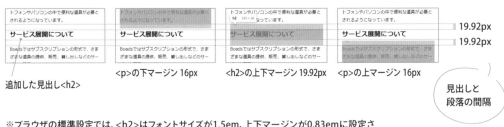

追加した見出し<h2>　　<p>の下マージン 16px　　<h2>の上下マージン 19.92px　　<p>の上マージン 16px

見出しと
段落の間隔

※ブラウザの標準設定では、<h2>はフォントサイズが1.5em、上下マージンが0.83emに設定されます。画面幅375pxでは<h2>の親要素<div class="entry-container">のフォントサイズが16ピクセルになるため、<h2>はフォントサイズが16×1.5＝24ピクセル、上下マージンが24×0.83＝19.92ピクセルとなります。

リスト <ul> や画像 <figure> を追加した場合にも、各要素にブラウザ標準の上下マージンが挿入され、間隔が確保されることがわかります。

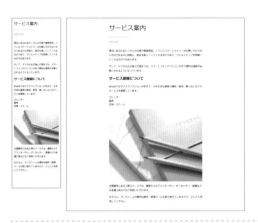

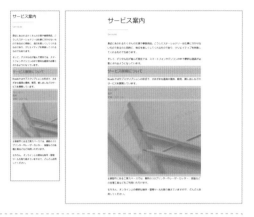

```
<div class="entry-container">
    <p> 身近にあふれるたくさんの文具や事務用品。…</p>
    <p> そして、デジタル化が進んだ現在では、…</p>
    <h2> サービス展開について </h2>
    <p>Boads ではサブスクリプションの形式で、…</p>
    <ul>
        <li> カレンダー </li>
        <li> 電卓 </li>
        <li> 定規・スケール </li>
    </ul>
</ul>
```

```
<figure><img src="img/news05.jpg" alt=""
    width="1000" height="750"></figure>
    <p> 主要都市にある工房スペースでは、最新の３D…</
    p>
    <p> もちろん、オンライン上の便利な制作・管理ツールも…
    </p>
</div>
```

リストマークの表示も標準の設定にする

P.182 の基本設定ではブラウザが標準で表示する <ul> のリストマークも削除しました。しかし、本文中ではリストマークを表示した方がリストの構造がわかりやすくなるため、padding と list-style も「revert」と指定し、ブラウザ標準の設定にしています。これで、本文にリストが追加された場合にも最低限の表示が整います。

```
.entry-container
:where(h1, h2, h3, h4, h5, h6, p, figure, ul) {
    margin-top: revert;
    margin-bottom: revert;
    padding: revert;
    list-style: revert;
}
```

段落の間隔を大きくする

✳✳✳

段落 <p> の間隔をブラウザの標準設定よりも大きくします。さらに、不要な上下マージンを削除したら、「記事」パーツは完成です。

段落の間隔が
大きくなります。

```
/* 基本 */
…
p {
    line-height: 1.8;
}
…
/* 記事 */
…
.entry-container {
    font-size: clamp(16px, 2.4vw, 18px);
}

.entry-container
 :where(h1, h2, h3, h4, h5, h6, p, figure, ul) {
    margin-top: revert;
    margin-bottom: revert;
    padding: revert;
    list-style: revert;
}

.entry-container p {
    margin: 1.8em 0;
}

.entry-container > :first-child {
    margin-top: 0;
}

.entry-container > :last-child {
    margin-bottom: 0;
}
```

style.css

段落の間に文章 1 行分の余白を入れる

段落 \<p\> の間に入れる余白を文章 1 行分のサイズにして、間隔を大きくします。文章 1 行分のサイズは \<p\> の行の高さと同じものと考えることができます。\<p\> の行の高さは P.74 の line-height で「1.8（フォントサイズの 1.8 倍）」に設定してあります。

そのため、margin を「1.8em 0」と指定し、\<p\> の上下マージンをフォントサイズの 1.8 倍のサイズにします。画面幅 375px での \<p\> のフォントサイズは 16 ピクセルなため、上下マージンのサイズは 28.8 ピクセルになります。

ブラウザ標準の
上下マージンを
入れた表示。

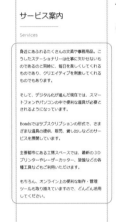

上下マージンを
1 行分のサイズ
にした表示。

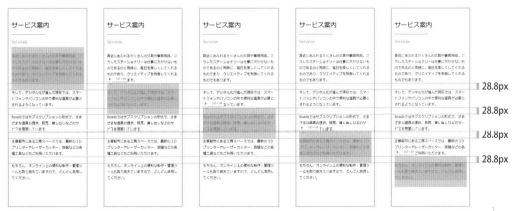

各段落の上下マージンと重ね合わせの処理。

段落の間隔

段落の上下マージンが本文の上下の余白に影響しないようにする

段落 <p> に上下にマージンを入れていない STEP 6-7 の段階では、❶本文 <div class= "entry-container"> の上下の余白は次のようになっていました。上の余白は②サブタイトル <p> の下マージンで 36 ピクセルに、下の余白は③親要素 <article> の下パディングで 90 ピクセルになっており、このままのサイズで変えたくありません。

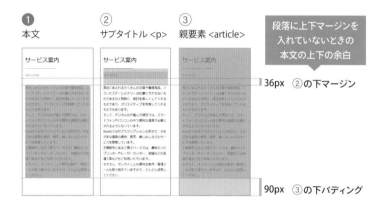

しかし、段落 <p> に上下にマージンを入れると、④最初の段落 <p> の上マージンと、⑤最後の段落 <p> の下マージンが本文の上下に影響を与えます。本文の上の余白は②と④が重ね合わされて変化しませんが、下の余白は⑤の分だけ大きくなってしまいます。

本文の上下に影響するのを防ぐため、ここでは④の上マージンと⑤の下マージンを削除します。ただし、本文を構成する要素は `<p>` に限らないので、ここではすべての要素を対象に、「.entry-container > :first-child」セレクタで本文内の最初の要素の上マージンを、「.entry-container > :last-child」セレクタで本文内の最後の要素の下マージンを削除しています。これで、本文の上下の余白が②と③のみで設定されるようになります。

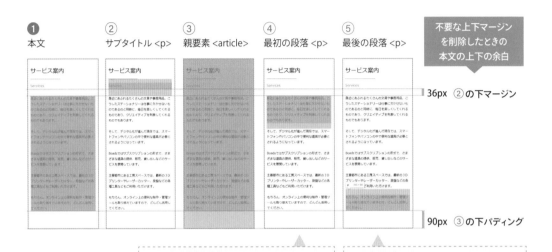

```
.entry-container > :first-child {
    margin-top: 0;
}
```

```
.entry-container > :last-child {
    margin-bottom: 0;
}
```

```html
<article class="entry">
    …
    <div class="w-container">
        <h1 class="heading-decoration"> サービス案内 </h1>
        <p>Services</p>                                      ②サブタイトル

        <div class="entry-container">
            <p> 身近にあふれるたくさんの文具や事務用品。…</p>    ④最初の段落
            <p> そして、デジタル化が進んだ現在では、…</p>
            <p>Boads ではサブスクリプションの形式で…</p>         ❶本文
            <p> 主要都市にある工房スペースでは、…</p>
            <p> もちろん、オンライン上の便利な制作・管理ツール…</p>  ⑤最後の段落
        </div>
    </div>
</article>
```

③親要素（記事全体）

画面幅を変えて表示を確認する

PC 版の画面幅 1366px でも表示を確認しておきます。画面幅 1366px での <p> のフォントサイズは 18 ピクセルなため、上下マージンはフォントサイズの 1.8 倍で 32.4 ピクセルになります。

ブラウザ標準の上下マージンを
入れた表示。

上下マージンを 1 行分のサイズ
にした表示。

上下マージンの重ね合わせの処理により、段落の間隔は 32.4 ピクセルになります。最初の段落の上マージンと、最後の段落の下マージンは削除されています。

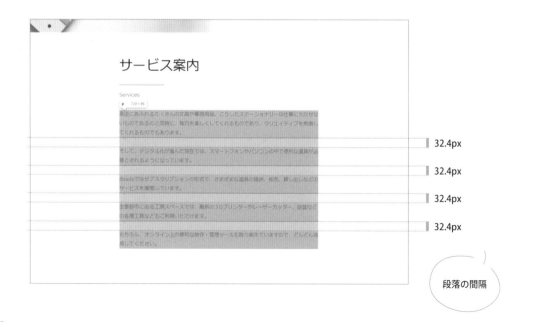

32.4px

32.4px

32.4px

32.4px

段落の間隔

画面幅を変えてみると、段落のフォントサイズが 16 〜 18 ピクセルに変化するのに合わせて、段
落の間隔（上下マージンのサイズ）も 28.8 〜 32.4 ピクセルに変化することがわかります。

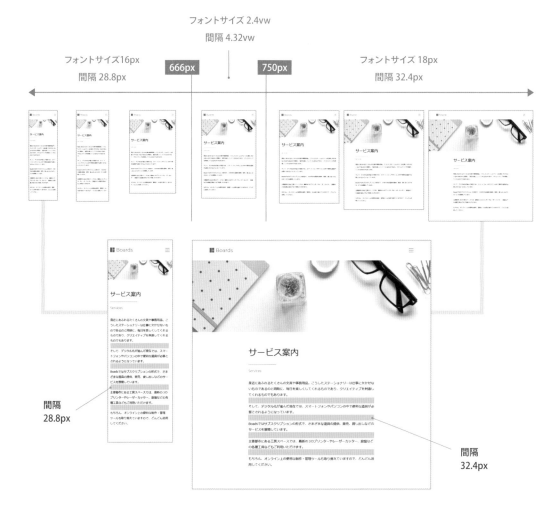

以上で、記事パーツは完成です。

記事本文のレイアウト
marginで設定するケース

作成したページで採用した設定です。本文の構成要素の間隔を、各要素の上下マージンで調整します。ここでは段落 <p> の間隔を 1 行分（行の高さ＝フォントサイズの 1.8 倍）のサイズにするため、上下マージンを 1.8em に指定しています。

身近にあふれるたくさんの文具や事務用品。こうしたステーショナリーは仕事に欠かせないものであるのと同時に、毎日を楽しくしてくれるものであり、クリエイティブを刺激してくれるものでもあります。

そして、デジタル化が進んだ現在では、スマートフォンやパソコンの中で便利な道具が必要とされるようになっています。

Boadsではサブスクリプションの形式で、さまざまな道具の提供、販売、貸し出しなどのサービスを展開しています。

主要都市にある工房スペースでは、最新の３Ｄプリンターやレーザーカッター、旋盤などの各種工具などもご利用いただけます。

もちろん、オンライン上の便利な制作・管理ツールも取り揃えていますので、どんどん活用してください。

段落<p>が構成するボックスの構造。上下マージンには重ね合わせの処理が適用され、段落の間隔が1.8emになります。

1.8em (28.8px)

1.8em (32.4px)

```css
p {
  line-height: 1.8;
}
.entry-container {
  font-size:
    clamp(16px, 2.4vw, 18px);
}

.entry-container p {
  margin: 1.8em 0;
}
```

```css
.entry-container
 > :first-child {
  margin-top: 0;
}

.entry-container
 > :last-child {
  margin-bottom: 0;
}
```

```html
<article class="entry">
  <div class="etnry-container">
    <p>…</p>
    <p>…</p>
    <p>…</p>
    <p>…</p>
    <p>…</p>
  </div>
</article>
```

重ね合わせの処理では大きいサイズのマージンが採用されるため、上下マージンが小さい要素を段落の間に追加しても、段落 <p> で指定した間隔が確保されます。

たとえば、画像 <figure> のブラウザ標準の上下マージンは 1em（16 ピクセル）です。この画像を段落の間に追加しても、段落との間隔は 1.8em（28.8 ピクセル）になります。

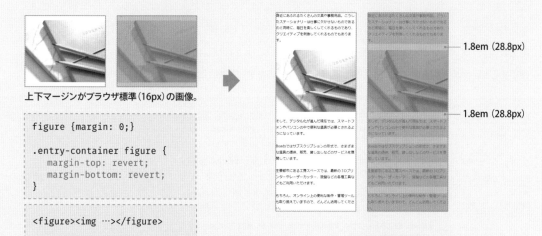

上下マージンがブラウザ標準（16px）の画像。

```
figure {margin: 0;}

.entry-container figure {
    margin-top: revert;
    margin-bottom: revert;
}
```

```
<figure><img …></figure>
```

※値をrevertにする場合、「margin: revert」と指定することはできますが、「margin: revert 0」のように上下左右で値を変えた指定はできません。そのため、上記のようにmargin-topやmargin-bottomを使用します。

一方、「画像の上下には最低限 50 ピクセルの余白を入れたい」といった場合には、画像 <figure> の上下マージンを 50 ピクセルに指定します。この画像を段落の間に追加すると、段落との間隔は 50 ピクセルになります。

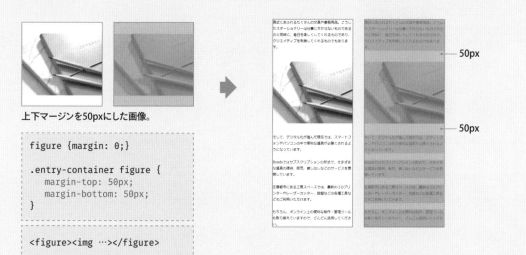

上下マージンを50pxにした画像。

```
figure {margin: 0;}

.entry-container figure {
    margin-top: 50px;
    margin-bottom: 50px;
}
```

```
<figure><img …></figure>
```

記事本文のレイアウト
CSS Grid / Flexboxで設定するケース

本文の構成要素の間隔をCSS GridまたはFlexboxのギャップで調整する方法です。たとえば、本文のコンテナ <div class="entry-container"> でグリッドを作成し、gap を「1.8em」と指定すると、本文を構成するすべての要素の間に1行分のギャップ（余白）が入ります。

身近にあふれるたくさんの文具や事務用品。こうしたステーショナリーは仕事に欠かせないものであるのと同時に、毎日を楽しくしてくれるものであり、クリエイティブを刺激してくれるものでもあります。

そして、デジタル化が進んだ現在では、スマートフォンやパソコンの中で便利な道具が必要とされるようになっています。

Boadsではサブスクリプションの形式で、さまざまな道具の提供、販売、貸し出しなどのサービスを展開しています。

主要都市にある工房スペースでは、最新の3Dプリンターやレーザーカッター、旋盤などの各種工具などもご利用いただけます。

もちろん、オンライン上の便利な制作・管理ツールも取り揃えていますので、どんどん活用してください。

グリッドの構造

身近にあふれるたくさんの文具や事務用品。こうしたステーショナリーは仕事に欠かせないものであるのと同時に、毎日を楽しくしてくれるものであり、クリエイティブを刺激してくれるものでもあります。

そして、デジタル化が進んだ現在では、スマートフォンやパソコンの中で便利な道具が必要とされるようになっています。

Boadsではサブスクリプションの形式で、さまざまな道具の提供、販売、貸し出しなどのサービスを展開しています。

主要都市にある工房スペースでは、最新の3Dプリンターやレーザーカッター、旋盤などの各種工具などもご利用いただけます。

もちろん、オンライン上の便利な制作・管理ツールも取り揃えていますので、どんどん活用してください。

1.8em (28.8px)

1.8em (32.4px)

```css
p {
    line-height: 1.8;
}

.entry-container {
    display: grid;
    gap: 1.8em;
    font-size: clamp(16px, 2.4vw, 18px);
}
```

```html
<article class="entry">
  <div class="etnry-container">
    <p>…</p>
    <p>…</p>
    <p>…</p>
    <p>…</p>
    <p>…</p>
  </div>
</article>
```

Flexbox を使用する場合は次のように指定します。

```
p {
    line-height: 1.8;
}

.entry-container {
    display: flex;
    flex-direction: column;
    gap: 1.8em;
    font-size: clamp(16px, 2.4vw, 18px);
}
```

```
<article class="entry">
  <div class="etnry-container">
    <p>…</p>
    <p>…</p>
    <p>…</p>
    <p>…</p>
    <p>…</p>
  </div>
</article>
```

要素に応じて間隔を変えたい場合

要素に応じて間隔を変えたい場合、各要素のマージンやパディングを使って調整します。ただし、ギャップとの重ね合わせは行われません。

たとえば、上下マージンを 20 ピクセルにした画像 <figure> を追加すると、画像と段落の間隔はギャップと合わせて 48.8 ピクセルになります。

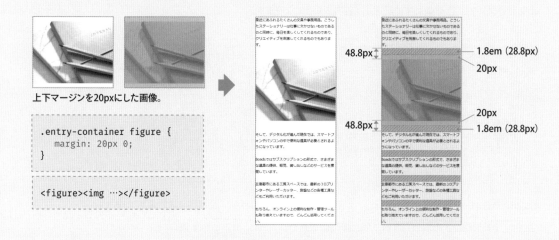

上下マージンを20pxにした画像。

```
.entry-container figure {
    margin: 20px 0;
}
```

```
<figure><img …></figure>
```

48.8px 1.8em (28.8px)
20px

20px
48.8px 1.8em (28.8px)

243

複数の適用先をまとめて指定

:is()で指定するケース

:is() は「Matches-Any 疑似クラス」と呼ばれ、複数の適用先をカンマ区切りのセレクタリストの形式で指定できます。たとえば、「.entry-container :is(h1, h2, p)」と指定すると、<div class="entry-container"> 内のすべての <h1>、<h2>、<p> が適用先になります。

```
.entry-container :is(h1, h2, p) {
    margin: revert;
}
```

```
<div class="etnry-container">
    <h1>…</h1>
    <h2>…</h2>
    <p>…</p>
</div>
```

上のセレクタを :is() を使わずに記述すると次のようになります。

```
.entry-container h1, .entry-container h2, .entry-container p {
    margin: revert;
}
```

```
.entry-container h1 {margin: revert;}
.entry-container h2 {margin: revert;}
.entry-container p {margin: revert;}
```

:is(h1, h2, p) の詳細度は、h1、h2、p それぞれの詳細度のうち、最も高い詳細度で処理されます。h1、h2、p の場合はすべて同じ詳細度なため、:is(h1, h2, p) はタイプセレクタ1つ分の詳細度となります。

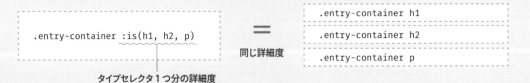

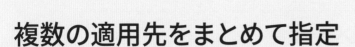

複数の適用先をまとめて指定

:where()で指定するケース

:where() も :is() と同じように複数の適用先をカンマ区切りのセレクタリストの形式で指定できる疑似クラスです。「Specificity-adjustment 疑似クラス」と呼ばれます。:where() を含むセレクタの詳細度は 0 になります。

たとえば、「.entry-container :where(h1, h2, p)」と指定すると、:is() のときと同じように <div class="entry-container"> 内のすべての <h1>、<h2>、<p> が適用先になります。

```
.entry-container :where(h1, h2, p) {
    margin: revert;
}
```

```
<div class="etnry-container">
    <h1>…</h1>
    <h2>…</h2>
    <p>…</p>
</div>
```

:is() のときと異なるのは詳細度です。:where(h1, h2, p) の詳細度は「0」になります。

```
.entry-container :where(h1, h2, p)
```
詳細度 0

＝
同じ詳細度

```
.entry-container
```

(!) :is() や :where() で指定するセレクタリストに疑似要素（::before など）を含めることはできません。

レスポンシブイメージ

\<img\>のsrcset/sizes属性

レスポンシブ Web デザインではさまざまなデバイスでの表示に対応するため、大きめのサイズの画像を使用します。記事のヘッダー画像（service.jpg）も 1600 × 470 ピクセルのサイズで用意し、モバイルから PC まで対応できるようにしています。しかし、画面幅 375px での画像の表示サイズは横幅 375 ピクセルなため、不要に大きなサイズの画像で表示していることになります。

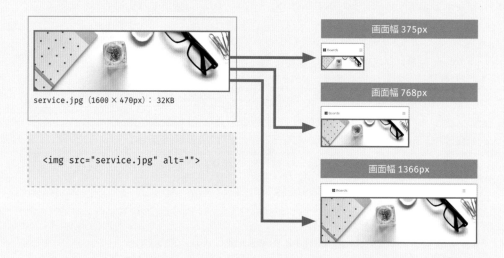

```
<img src="service.jpg" alt="">
```

この問題を回避するために考え出されたのが「レスポンシブイメージ」です。サイズの異なる画像ファイルを用意しておけば、デバイスに応じて最適なサイズの画像を使って表示される仕組みになっています。

たとえば、次のように横幅を 400、800、1600 ピクセルにしたヘッダー画像を用意します。用意した画像は画像セットとして \<img\> の srcset 属性で URL と横幅を指定します。

さらに、sizes 属性では画像セットの中から画像を選択する条件を指定します。ここでは「(max-width: 1600px) 100vw, 1600px」と指定し、画面幅が 1600px 以下の場合は「横幅 100vw（画面幅）」、それ以外の場合は「横幅 1600 ピクセル」で表示するのに最適なサイズの画像を選択するように指定しています。

これで、画面幅が 375px の場合、横幅が 400 ピクセルの service400.jpg を使って表示されるようになります。

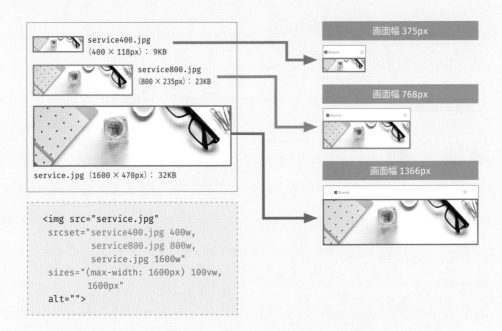

```
<img src="service.jpg"
 srcset="service400.jpg 400w,
         service800.jpg 800w,
         service.jpg 1600w"
 sizes="(max-width: 1600px) 100vw,
        1600px"
 alt="">
```

なお、上記の結果はデバイスの解像度（DPR = Device Pixel Ratio）が「1」の場合です。DPR が高い場合はそれも考慮して最適なサイズの画像が使用されます。たとえば、デバイスの DPR が「2」の場合、2 倍のサイズの画像が使用されます。

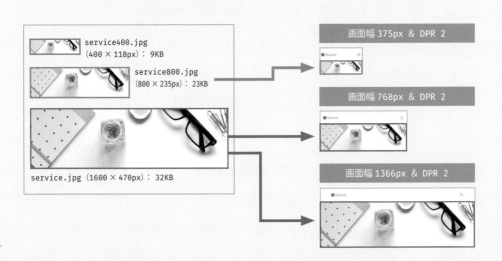

次のオンラインツールを利用すると、サイズの異なる画像の生成も含めて、レスポンシブ
イメージの設定を簡単に作成できます。

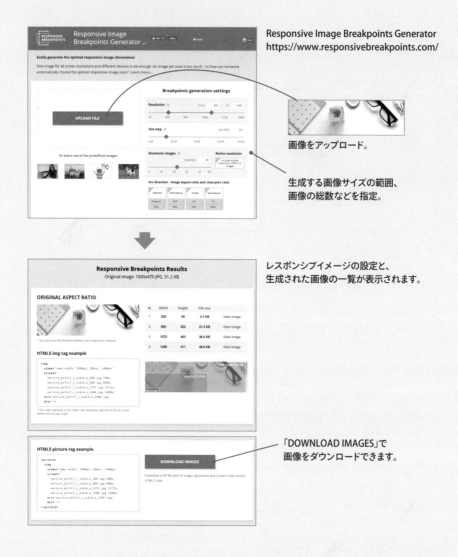

Responsive Image Breakpoints Generator
https://www.responsivebreakpoints.com/

画像をアップロード。

生成する画像サイズの範囲、
画像の総数などを指定。

レスポンシブイメージの設定と、
生成された画像の一覧が表示されます。

「DOWNLOAD IMAGES」で
画像をダウンロードできます。

WordPress のような CMS や、GatsbyJS のような静的サイトジェネレーターを利用
すると、レスポンシブイメージはシステムによって作成されます。

レスポンシブイメージ

\<picture\>とWebP

WebP は画像のファイルサイズが JPEG よりもコンパクトになるフォーマットで、レスポンシブイメージでの利用が進んでいます。ただし、macOS 版 Safari での対応が macOS 11 Big Sur 以降に限られるため、利用する場合は \<picture\> を使います。

\<picture\> では \<source\> で画像の選択肢を用意します。ここでは \<source\> の type 属性を「image/webp」と指定し、WebP フォーマットの画像の選択肢を用意しています。これで、WebP に対応したブラウザでは \<source\> で指定した WebP 画像で、未対応なブラウザでは \<img\> で指定した JPEG 画像で表示が行われます。

```
<picture>
  <source
   type="image/webp"
   srcset="service400.webp 400w,
           service800.webp 800w,
           service.webp 1600w"
   sizes="(max-width: 1600px) 100vw,
          1600px">

  <img src="service.jpg"
   srcset="service400.jpg 400w,
           service800.jpg 800w,
           service.jpg 1600w"
   sizes="(max-width: 1600px) 100vw,
          1600px"
   alt="">
</picture>
```

※\<source\>のmedia属性を使うと、メディアクエリで
　画像の使用条件を指定することもできます。

※下記のようなオンラインコンバーターを利用すると、
　JPEG画像をWebP画像に変換できます。

　JPEG WEBP変換
　https://convertio.co/ja/jpg-webp/

\<source\>で指定したWebP画像

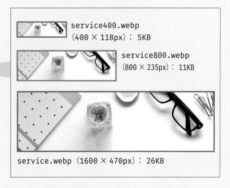

service400.webp
(400 × 118px)：5KB

service800.webp
(800 × 235px)：11KB

service.webp (1600 × 470px)：26KB

\<img\>で指定したJPEG画像

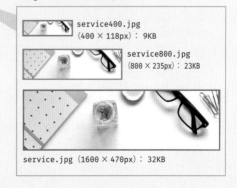

service400.jpg
(400 × 118px)：9KB

service800.jpg
(800 × 235px)：23KB

service.jpg (1600 × 470px)：32KB

表示に使用されている画像ファイルを確認する

レスポンシブイメージで実際にどの画像ファイルが表示に使用されているのかは、Chrome の
デベロッパーツール（P.32）で確認できます。

たとえば、画面幅を375px、DPR を 2 に設定してページを開き、<picture> 内の <img> にカー
ソルを重ねると、横幅 800 ピクセルの WebP 画像（service800.webp）で表示されている
ことがわかります。

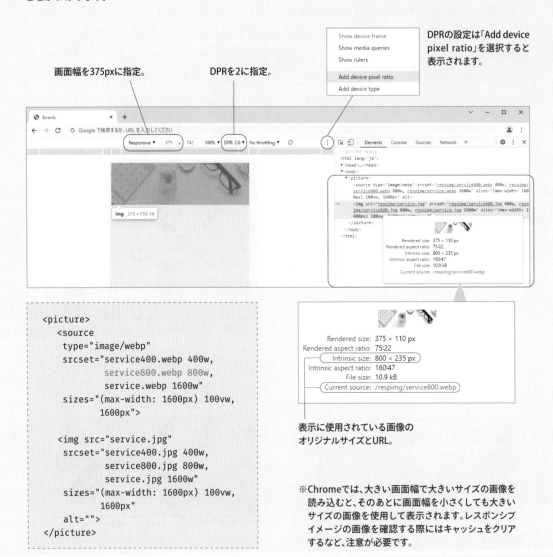

画面幅を375pxに指定。

DPRを2に指定。

DPRの設定は「Add device
pixel ratio」を選択すると
表示されます。

Rendered size: 375 × 110 px
Rendered aspect ratio: 75:22
Intrinsic size: 800 × 235 px
Intrinsic aspect ratio: 160:47
File size: 10.9 kB
Current source: /respimg/service800.webp

表示に使用されている画像の
オリジナルサイズとURL。

```
<picture>
  <source
  type="image/webp"
  srcset="service400.webp 400w,
          service800.webp 800w,
          service.webp 1600w"
  sizes="(max-width: 1600px) 100vw,
          1600px">

  <img src="service.jpg"
  srcset="service400.jpg 400w,
          service800.jpg 800w,
          service.jpg 1600w"
  sizes="(max-width: 1600px) 100vw,
          1600px"
  alt="">
</picture>
```

※Chromeでは、大きい画面幅で大きいサイズの画像を
読み込むと、そのあとに画面幅を小さくしても大きい
サイズの画像を使用して表示されます。レスポンシブ
イメージの画像を確認する際にはキャッシュをクリア
するなど、注意が必要です。

HTML&CSS
MODERN CODING

プラン＆フッター

＊＊＊

3つのサービスプランをカード型のデザインにして並べた「プラン」パーツを作成していきます。
さらに、トップページと同じ「フッター」も追加して、コンテンツページを仕上げます。

POINTS

＋ パーツの構成

パーツの見出しと3つのプランで構成します。各プランはプラン名、説明文、価格、ボタンで構成します。

＋ レイアウト

3つのプランはカード型のデザインにして、小さい画面では縦並びに、大きい画面では横並びにします。

＋ レスポンシブ

縦横の並びはブレークポイントで切り替えます。横並びにした場合、3つのプランの価格とボタンの位置を揃えます。

カード型UIのレイアウト

カード型にデザインしたアイテムを均等幅で
並べるレイアウトです。Flexboxでも簡単に
設定できますが、アイテム数が変わり、複数
行で並べる可能性まで考え、ここではP.154
のようにタイル状に並べるのが得意なCSS
Gridを使って設定していきます。

カードの中身を上下に揃えて配置するレイアウト

カードの中身を上下に揃えて配置するレイア
ウトです。FlexboxとCSS Gridのどちらで
も設定できますが、アイテム数が変わっても
対処しやすいFlexboxで設定していきます。

STEP BY STEP   制作ステップ

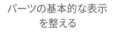

パーツの基本的な表示
を整える

カードの形にして並べる

カードの表示を整えて完成

「プラン」パーツはこう表示したい

カードの表示

+ 各プランはカード型のデザインにします。

角丸の半径：
20px

背景：
白（#ffffff）

カード内の余白：

60px

60px

27px　27px

カードの中身の表示

+ プラン名は P.28 で設定した欧文フォント「Montserrat」で表示します。

プラン名

・フォント：Montserrat
・フォントサイズ：38px
・フォントの太さ：Regular（400）

価格

・フォントサイズ：26px
・フォントの太さ：太字

説明文

・フォントサイズ：16px
・行の高さ：1.8

ボタン

・P.80 のボタンと同じ設定
・横幅はカードの幅に合わせて表示
・「Standard」と「Pro」プランのボタン
　はアクセントカラーの赤色に設定

背景：赤（b72661）

カードの中身の間隔

+ プラン名、説明文、価格、ボタンの間隔は右の
  サイズに設定します。

38px
38px
22px

カードを並べるレイアウト

+ 3つのカードはモバイル版では縦並びに、PC版では横並びにします。ブレークポイントは、
  他のパーツと同じように768pxの画面幅にします。
+ カードの間隔は27ピクセルにします。
+ 横並びではカードの高さを揃え、3つのプランの価格とボタンの位置を揃えます。

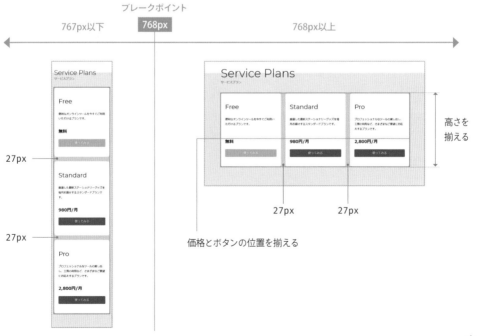

ブレークポイント
767px以下　768px　　768px以上

高さを
揃える

27px

27px

27px　　27px

価格とボタンの位置を揃える

横幅と左右の余白

＋ 並べたカードはヘッダーのコンテナと同じ横幅にして、左右に余白が入るようにします。

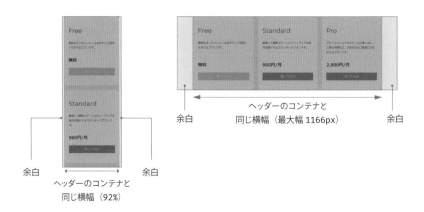

パーツ全体

＋ パーツ全体は背景を薄紫色（#e9e5e9）にして、常に画面の横幅いっぱいに表示します。

＋ 見出しはパーツの外側に出した位置に配置します。

＋ パーツの高さは指定せず、カードの高さによって変わるようにします。

※見出しはパーツの高さに影響を与えないようにします。

＋ パーツの上下には余白を入れて、画面幅に合わせてサイズを変化させます。

※上下の余白は「記事一覧」パーツの上下に入れた余白と同じサイズです。

見出しの表示

+ 見出しは P.138 の「記事一覧」パーツと同じ設定になっています。
+ 見出しは左端をカードと揃えます。

見出し（英語部分）

見出し（日本語部分）

左端をカードと揃えます。

見出しはパーツの外側に出します

↕ 24px

↕ 42px

どうやって実現するか

以上を実現するため、ここではパーツ全体を構成するボックスと2つのコンテナを用意し、3重構造にして作成していきます。見出しは「横幅と左右の余白をコントロールするコンテナ」に入れた状態で作成し、そこを基点に表示位置を調整します。

見出し

パーツ全体を構成するボックス

横幅と左右の余白をコントロールするコンテナ

カードのレイアウトをコントロールするコンテナ

表示位置を調整。

7-1 プランをマークアップする

***

パーツを構成する見出しとプランを追加し、マークアップして表示します。プランは全部で 3 つ
ありますが、ここでは 1 つ目の Free プランだけを追加して設定していきます。

主要都市にある工房スペースでは、最新の 3 D
プリンターやレーザーカッター、旋盤などの各
種工具などもご利用いただけます。

もちろん、オンライン上の便利な制作・管理ツー
ルも取り揃えていますので、どんどん活用し
てください。

Service Plans サービスプラン
Free
便利なオンラインツールを今すぐご利用いただ
けるプランです。
無料
使ってみる

プランパーツが表示されます。

```
    ...
  </article>

<section class="plans">
  <div class="w-container">
    <h2>
      Service Plans
      <span> サービスプラン </span>
    </h2>

    <div class="plans-container">
      <div class="plan">
        <h3>Free</h3>
        <p class="desc"> 便利なオンラインツールを
        今すぐご利用いただけるプランです。 </p>
        <p class="price"> 無料 </p>
        <a href="#"> 使ってみる </a>
      </div>
    </div>
  </div>
</section>

</body>
```

content.html

パーツ全体　<section class="plans">

パーツ全体は <section> でマークアップし、1 つのコンテンツのまとまり（セクション）である
ことを明示しています。クラス名は「plans」と指定し、他のパーツと区別できるようにしています。
3 重構造の一番外側のボックスとなります。

横幅と左右の余白をコントロールするコンテナ　　<div class="w-container">

プランの横幅と左右の余白は、ヘッダーのコ
ンテナと同じサイズに揃えます。そのため、
<section> 内には <div> を追加し、横幅と
左右の余白をコントロールするコンテナとして
P.48 で作成したクラス名「w-container」を
指定しています。

ヘッダーのコンテナ

コンテナの横幅と左
右の余白が同じサイ
ズになっています。

プランのコンテナ

見出し　　<h2>

パーツの見出しは <h2> でマークアップしています。日本語部分は <span> で区別できるよう
にした形で <h2> に含めて記述し、あとからまとめて配置を調整できるようにしています。

プランのレイアウトをコントロールするコンテナ　　<div class="plans-container">

縦横に並べるプラン全体は <div> でマークアップし、レイアウトをコントロールするコンテナと
してクラス名を「plans-container」と指定しています。

プラン　　<div class="plan">

各プランは <div> でマークアップしてクラス名を「plan」と指定しています。プランの中身は、
プラン名を <h3>、説明文を <p class="desc">、価格を <p class="price">、ボタンを
<a> でマークアップしています。

7-2 パーツの基本的な表示を整える

✳✳✳

パーツの背景に色を付け、上下に余白を入れて基本的な表示を整えます。見出しはパーツの外側に出た位置に配置します。

見出しがパーツの外側に出た位置に配置されます。

背景に色が付き、上下に余白が入ります。

```html
<section class="plans">
  <div class="w-container">
    <h2 class="heading">
      Service Plans
      <span> サービスプラン </span>
    </h2>
...
```

content.html

```css
@charset "UTF-8";

/* 基本 */
:root {
  --v-space: clamp(90px, 9vw, 120px);
}
...
/* パーツの見出し */
.heading {
  position: absolute;
  top: calc((var(--v-space) + 0.6em) * -1);
  font-family: "Montserrat", sans-serif;
  font-size: clamp(40px, 5.2vw, 70px);
  min-height: 0vw;
  font-weight: 300;
}

.heading span {
  display: block;
  color: #666666;
  font-size: 18px;
}
...
.entry-container > :last-child {
  margin-bottom: 0;
}

/* プラン */
.plans {
  padding: var(--v-space) 0;
  background-color: #e9e5e9;
}
```

style.css

パーツの背景色と上下の余白を整える

パーツ全体は背景を薄紫色にするため、<section class="plans"> の background-color
を「#e9e5e9」と指定し、padding で上下に余白を挿入します。

上下の余白サイズは画面幅に合わせて 90 から 120 ピクセルに変化させます。このサイズは P.136
で作成した変数「--v-space」で管理していますので、上下パディングの値は「var(--v-space)」
と指定しています。

見出しの表示を整える

見出し <h2> は記事一覧の見出しと同じ形で表示するため、P.138 で作成した「heading」と
いうクラス名を指定します。

画面幅を変えて表示を確認する

画面幅を変えると、次のように上下の余白サイズや見出しのフォントサイズが変化します。

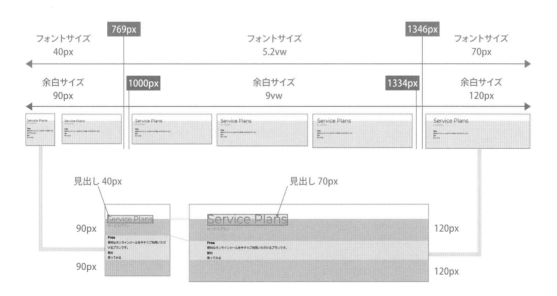

7-3 プランを追加する

∗∗∗

Standard と Pro の 2 つのプランを追加します。各プランは 1 つ目の Free プランと同じように、プラン名 `<h3>`、説明文 `<p class="desc">`、価格 `<p class="price">`、ボタン `<a>` で構成し、`<div class="plan">` でマークアップします。

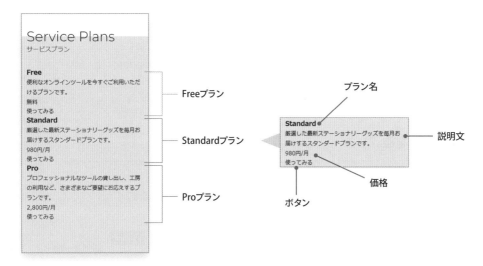

```
<section class="plans">
  <div class="w-container">
    <h2 class="heading">
      Service Plans
      <span> サービスプラン </span>
    </h2>

    <div class="plans-container">                              ┌─── コンテナ
      <div class="plan">
        <h3>Free</h3>
        <p class="desc"> 便利なオンラインツールを今すぐご利用いただけるプランです。</p>
        <p class="price"> 無料 </p>
        <a href="#"> 使ってみる </a>
      </div>

      <div class="plan">
        <h3>Standard</h3>
        <p class="desc"> 厳選した最新ステーショナリーグッズを毎月お届けするスタンダードプランです。</p>
        <p class="price">980 円 / 月 </p>
        <a href="#"> 使ってみる </a>
      </div>

      <div class="plan">
        <h3>Pro</h3>
        <p class="desc"> プロフェッショナルなツールの貸し出し、工房の利用など、さまざまなご要望にお応え
        するプランです。</p>
        <p class="price">2,800 円 / 月 </p>
        <a href="#"> 使ってみる </a>
      </div>
    </div>
  </div>
</section>

</body>
```

content.html

これで、レイアウトをコントロールするためのコンテナ <div class="plans-container"> の
中に 3 つのプランを記述した状態になります。次のステップではこれらのプランをカード型のデ
ザインにして、並びを調整していきます。

263

7-4

カード型のデザインにして並べる

＊＊＊

3つのプランは白い角丸のカード型にして、モバイルでは縦並びに、PCでは横並びにします。ここでは複数行に並べる可能性も考えて、タイル状に並べるのが得意な CSS Grid を使って設定します。

MOBILE

Service Plans
サービスプラン

ボタンが白い角丸のカード型になって並びます。

PC

```
...
/* プラン */
.plans {
    padding: var(--v-space) 0;
    background-color: #e9e5e9;
}

.plans-container {
    display: grid;
    gap: 27px;
}
```

```
@media (min-width: 768px) {
    .plans-container {
        grid-template-columns:
            repeat(3, 1fr);
    }
}

/* プラン：カード */
.plan {
    padding: 60px 27px;
    border-radius: 20px;
    background-color: #ffffff;
}
```

style.css

カード型のデザイン

各プラン <div class="plan"> は白い角丸のカード型の
デザインにするため、background-color で背景色を白
色（#ffffff）に、border-radius で角丸の半径を 20 ピク
セルに指定しています。カード内には padding で上下に
60 ピクセル、左右に 27 ピクセルの余白を入れています。

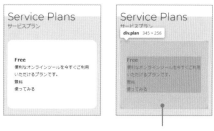

<div class="plan">のpadding

カードの並び

カードは縦横に並べるため、直近の親要素であるコンテナ <div class="plans-container">
の display を「grid」と指定します。これで、<div class="plans-container"> は「グリッ
ドコンテナ」、直近の子要素は「グリッドアイテム」となり、縦並びになります。
カードの間には gap で 27 ピクセルのギャップ（余白）を入れて間隔を調整しています。

PC では横並びにするため、grid-template-columns を「repeat(3, 1fr)」と指定し、グリッ
ドの構造を 3 列にしています。この設定は画面幅が 768px 以上のときに適用するため、メディ
アクエリ @media (min-width: 768px) { 〜 } 内に記述しています。

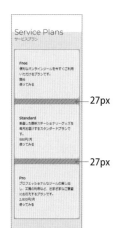

（!）「repeat(3, 1fr)」は「1fr 1fr 1fr」と指定することもできます。

7-5

カード内のテキストの表示を整える

✱✱✱

カード内のプラン名、説明、価格の表示を整えます。

MOBILE

Service Plans
サービスプラン

プラン名　　　　価格　　　　　　　　説明文

PC

```css
/* 基本 */
...
p {
    line-height: 1.8;
}
...
/* プラン：カード */
.plan {
    padding: 60px 27px;
    border-radius: 20px;
    background-color: #ffffff;
}

.plan h3 {
    margin-bottom: 38px;
    font-family:
        "Montserrat", sans-serif;
    font-size: 38px;
    font-weight: 400;
}

.plan .desc {
    margin-bottom: 38px;
}

.plan .price {
    margin-bottom: 22px;
    font-size: 26px;
    font-weight: bold;
}
```

style.css

プラン名の表示

プラン名 \<h3\> は font-family でフォントを「Montserrat」、font-size でフォントサイズを 38 ピクセル、font-weight で太さを「Regular（400）」に指定しています。margin-bottomでは 38 ピクセルの下マージンを挿入し、説明文との間隔を調整しています。

下マージン

説明文の表示

説明文 \<p class="desc"\> のフォントサイズはブラウザ標準の 16 ピクセルで、行の高さは基本設定の line-height で指定した「1.8（フォントサイズの 1.8 倍）」で表示されます。margin-bottom では 38 ピクセルの下マージンを挿入し、価格との間隔を調整しています。

下マージン

価格の表示

価格 \<p class="price"\> は font-size でフォントサイズを 26 ピクセル、font-weight で太さを「bold（太字）」に指定しています。margin-bottom では 22 ピクセルの下マージンを挿入し、ボタンとの間隔を調整しています。

下マージン

7-6

カード内のボタンの表示を整える

✳︎✳︎✳︎

カード内のボタンの表示を整えます。Standard と Pro プランのボタンは赤色にします。

MOBILE

ボタンの表示が整います。　　　　　　　　　　　　　　　　　　**PC**

```
/* ボタン */
.btn {                    .btnセレクタの設定
    display: block;
    width: 260px;
    padding: 10px;
    box-sizing: border-box;
    border-radius: 4px;
    background-color: #e8b368;
    color: #ffffff;
    font-size: 18px;
    text-align: center;
    text-shadow: 0 0 6px #00000052;
}

.btn-accent {
    background-color: #b72661;
}
```

```
/* 画像とテキスト */
…

/* プラン：カード */
…

.plan .price {
    margin-bottom: 22px;
    font-size: 26px;
    font-weight: bold;
}

.plan .btn {
    width: auto;
}
```

style.css

```
<div class="plan">                              <a href="#" class="btn btn-accent">使ってみる</a>
  <h3>Free</h3>                               </div>
  …
  <a href="#" class="btn">使ってみる</a>        <div class="plan">
</div>                                            <h3>Pro</h3>
                                                  …
<div class="plan">                                <a href="#" class="btn btn-accent">使ってみる</a>
  <h3>Standard</h3>                             </div>
  …
```

content.html

ボタンの表示

カード内のリンク <a> はボタンの形で表示するため、P.80 で作成した「btn」というクラス名を指定します。
これで、「.btn」セレクタの設定が適用され、はちみつ色のボタンの形になります。

ボタンの形になります。

ボタンの横幅

「.btn」セレクタの設定ではボタンの横幅が260ピクセルになります。ここではカードに合わせた横幅にするため、width を「auto」と指定します。
セレクタは「.plan .btn」と指定し、<div class="plan"> 内の <a class="btn"> のみに設定を適用しています。

ボタンがカードに合わせた横幅になります。

ボタンの色

StandardとProプランのボタンは赤色にするため、background-color を「#b72661」と指定します。
ボタンを赤色にする設定は他のパーツでも使用できるようにするため、ここでは「.btn-accent」セレクタで色を指定し、<a class="btn"> に「btn-accent」というクラス名を追加すれば色が変わるようにしています。

ボタンが赤色になります。

CHAPTER 7
PLANS&FOOTER
7-7
横並びにしたカードの
価格とボタンの位置を揃える
✳✳✳

横並びにした3つのカードの、価格とボタンの位置を揃えます。

以上で、「プラン」パーツは完成です。

MOBILE

PC

3つのカードの価格とボタンの位置が揃います。

```
/* プラン：カード */
.plan {
    display: flex;
    flex-direction: column;
    padding: 60px 27px;
    border-radius: 20px;
    background-color: #ffffff;
}

.plan h3 {
    margin-bottom: 38px;
    font-family:
      "Montserrat", sans-serif;
    font-size: 38px;
    font-weight: 400;
}

.plan .desc {
    margin-bottom: 38px;
}

.plan .price {
    margin-top: auto;
    margin-bottom: 22px;
    font-size: 26px;
    font-weight: bold;
}

.plan .btn {
    width: auto;
}
```

style.css

カードの高さと中身の位置

CSS Grid を使って横並びにしたカードは、最も大きいカードに揃えた高さになります。しかし、各カードの中身は説明文の分量が異なるため、価格とボタンの横の位置が揃いません。

価格とボタンの横の位置
が揃っていません。

最も大きいカード。

価格とボタンをカードの下に揃えた配置にする

価格とボタンをカードの下に揃えた配置にして、横の位置を揃えます。設定にはアイテム数が変わっても対応しやすい Flexbox を使用します。

まずは、各カード <div class="plan"> の display を「flex」、flex-direction を「column」と指定し、カードの中身を Flexbox で縦並びにします。すると、Free と Standard プランの下には余剰スペースが入っていることがわかります。

Flexboxの構造。

余剰スペース。

余剰スペースを価格の上に入れるため、<p class="price"> の margin-top で上マージンを「auto」と指定します。

これで上マージンに余剰スペースが割り当てられ、価格とボタンがカードの下に揃えて配置されます。その結果、横の位置も揃ったことがわかります。

価格とボタンの横の位置が揃います。

余剰スペースが割
り当てられた価格
の上マージン

Flexboxの構造。

余剰スペースがないカード
の表示には影響しません。

CHAPTER 7
PLANS&FOOTER

7-8 フッターを追加する

✳✳✳

最後に、フッターを追加してコンテンツページを仕上げます。フッターはトップページと共通した
ものにするため、index.html から <footer class="footer"> の設定をコピーして追加します。

PC

MOBILE

トップページと同じフッターが
表示されます。

```
<section class="plans">
  <div class="w-container">
    <h2 class="heading">
      Service Plans <span> サービスプラン </span>
    </h2>
    …
</section>

<footer class="footer">
  <div class="footer-container w-container">
    <div class="footer-site">
      <a href="index.html">
        <img src="img/logo.svg" alt="Boards" width="135" height="26">
      </a>
    </div>

    <ul class="footer-sns">
      <li>
        <a href="#">
          <i class="fab fa-twitter"></i>
          <span class="sr-only">Twitter</span>
        </a>
      </li>
      <li>
        <a href="#">
          <i class="fab fa-facebook-f"></i>
          <span class="sr-only">Facebook</span>
        </a>
      </li>
      <li>
        <a href="#">
          <i class="fab fa-instagram"></i>
          <span class="sr-only">Instagram</span>
        </a>
      </li>
    </ul>

    <ul class="footer-menu">
      <li><a href="#"> 会社概要 </a></li>
      <li><a href="#"> 特定商取引法 </a></li>
      <li><a href="#"> 個人情報の取り扱い </a></li>
      <li><a href="content.html"> サービス案内 </a></li>
      <li><a href="#"> お問い合わせ </a></li>
    </ul>

    <div class="footer-copy">
      @ Boards Production.
    </div>
  </div>
</footer>

</body>
```

フッター

content.html

7

PLANS & FOOTER

7-9 コンテンツページ全体の表示を確認する

✳✳✳

ブレークポイント
768px

768px以下

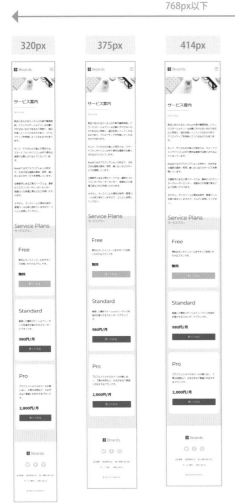

320px　375px　414px　600px　768px

メディアクエリで
設定したブレーク
ポイント

ここまでの設定で、コンテンツページは完成です。画面幅に合わせて各パーツが問題なく表示されることを確認しておきます。最後に、Chapter 8 ではヘッダーの右上に表示したハンバーガーメニューのボタンが機能するように設定していきます。

768px以上

1024px

1166px

1366px

３つのプランの価格とボタンの横の位置は、画面幅を変えても揃っていることがわかります。

カード型UIのレイアウト

CSS Gridで設定するケース

作成したページで採用した設定です。カード型にデザインしたアイテムを、CSS Grid を使って
モバイルでは縦並びに、PC では横並びにします。

横並びにする場合、カードの数に合わせて grid-template-columns で列の数を指定します。
ここでは 3 つのカードを均等幅で横並びにするため、「repeat(3, 1fr)」と指定して 3 列のグリッ
ドを作成しています。カードの間隔は gap で調整します。

グリッドの構造。
1 列×3 行の構造になります。

```css
.plans-container {
    display: grid;
    gap: 27px;
}

@media (min-width: 768px) {
    .plans-container {
        grid-template-columns: repeat(3, 1fr);
    }
}
```

```html
<section class="plans">
    <div class="plans-container">
        <div class="plan">…</div>
        <div class="plan">…</div>
        <div class="plan">…</div>
    </div>
</section>
```

カードの数を変えても対応できるようにする場合

列の数を指定する方法で横並びにすると、カードの数を変えるたびに列の数も変更しなければなりません。カードの数を変えても常に均等幅で横並びにしたい場合、P.158 の設定を使い、アイテムの間に折り返しが入らないように最小幅を「0」に指定します。0 にすることで、すべてのアイテムが横 1 行に並べられます。

カードを 4 つにしたときの表示。

```
.plans-container {
    grid-template-columns: repeat(auto-fit, minmax(0, 1fr));
}
```

複数行でレイアウトする場合

複数行でレイアウトする場合、grid-template-columns で何列に並べるかを指定します。たとえば、2 列に並べる場合は「repeat(2, 1fr)」と指定します。この設定は P.154 の「タイル状に並べるレイアウト」と同じです。

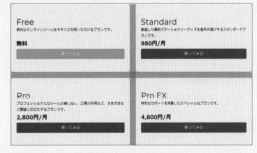

```
.plans-container {
    grid-template-columns: repeat(2, 1fr);
}
```

カード型UIのレイアウト

Flexboxで設定するケース

Flexbox を使ってカードを並べる場合、flex-direction を「column」と指定して縦並びに、「row」と指定して横並びにします。横並びにするときの各カードの横幅は flex で「1」と指定し、均等幅にします。カードの間隔は gap で調整します。

Flexboxの構造。

```
.plans-container {
    display: flex;
    flex-direction: column;
    gap: 27px;
}

@media (min-width: 768px) {
    .plans-container {
        flex-direction: row;
    }

    .plans-container > * {
        flex: 1;
    }
}
```

```
<section class="plans">
  <div class="plans-container">
    <div class="plan">…</div>
    <div class="plan">…</div>
    <div class="plan">…</div>
  </div>
</section>
```

カードの数を変える場合

Flexbox を使った設定では、カードの数を変えても常に均等幅で横並びになります。たとえば、カードを4つにすると次のようになります。

複数行でレイアウトする場合

複数行でレイアウトする場合、flex-wrap を「wrap」と指定します。何列に並べるかはカードの横幅で調整しますが、P.161 の「アイテムの間隔を調整する場合（A）」のようにギャップを除いたサイズを指定しなければなりません。さらに、各カード内にはパディングを挿入していますので、box-sizing を「border-box」と指定し、width で指定した横幅にパディングを含めて処理します。たとえば、2列に並べる場合は次のように指定します。

```
.plans-container {
    display: flex;
    flex-direction: column;
    gap: 27px;
}

@media (min-width: 768px) {
    .plans-container {
        flex-direction: row;
        flex-wrap: wrap;
```

```
}

.plans-container > * {
    width: calc(50% - (27px * 1 / 2));
    box-sizing: border-box;
}
}
```

カードの中身を上下に揃えて配置する レイアウト

Flexboxで設定するケース

CSS Grid や Flexbox で横並びにしたカードは自動的に高さが揃います。しかし、中身の分量によってはカードの下に余剰スペースができ、バランスが悪くなってしまいます。これを防ぐためには、カードの中身を上下に揃えて配置するという方法があります。

Flexbox で配置を調整する場合、まずは flex-direction を「column」と指定してカードの中身を縦並びにします。

Flexboxの構造。

余剰スペース　　余剰スペース

プラン名
説明文
価格
ボタン

```css
.plan {
    display: flex;
    flex-direction: column;
}
```

```html
<section class="plans">
    <div class="plans-container">
        <div class="plan">
            <h3>Free</h3>
            <p class="desc">…</p>
            <p class="price">無料 </p>
            <a href="#" class="btn"> 使ってみる </a>
        </div>
        <div class="plan">…</div>
        <div class="plan">…</div>
    </div>
</section>
```

その上で、カードの下に配置したい要素の上マージンを「auto」と指定します。ここではサービス名と説明文を上に、価格とボタンを下に配置するため、価格 <p class="price"> の margin-top を「auto」と指定しています。これで、上マージンに余剰スペースが割り当てられ、次のような表示になります。

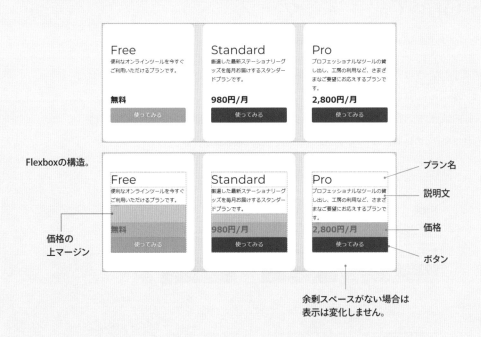

Flexboxの構造。

プラン名

説明文

価格

ボタン

価格の
上マージン

余剰スペースがない場合は
表示は変化しません。

```css
.plan {
    display: flex;
    flex-direction: column;
}

.plan .price {
    margin-top: auto;
}
```

```html
<section class="plans">
  <div class="plans-container">
    <div class="plan">
      <h3>Free</h3>
      <p class="desc">…</p>
      <p class="price">無料 </p>
      <a href="#" class="btn">使ってみる </a>
    </div>
    <div class="plan">…</div>
    <div class="plan">…</div>
  </div>
</section>
```

(!) この設定は、横並びにしたアイテムを両端に配置する P.53 と考え方は同じです。

カードの中身を上下に揃えて配置する
レイアウト

CSS Gridで設定するケース

CSS Grid でも、カードの中身を上下に揃えて配置することができます。その場合、まずはグリッドを作成し、カードの中身を縦並びにします。

すると、アイテム数に合わせて1列×4行のグリッドが作成され、余剰スペースが各行の高さに割り当てられます。その結果、カードごとにボタンの高さが異なる表示になります。

グリッドの構造。

プラン名
説明文
価格
ボタン

ボタンの高さ
が大きい

```css
.plan {
    display: grid;
}
```

```html
<section class="plans">
    <div class="plans-container">
        <div class="plan">
            <h3>Free</h3>
            <p class="desc">…</p>
            <p class="price">無料</p>
            <a href="#" class="btn">使ってみる</a>
        </div>
        <div class="plan">…</div>
        <div class="plan">…</div>
    </div>
</section>
```

サービス名と説明文を上に、価格とボタンを下に配置した形にするためには、説明文を配置した2行目に余剰スペースを割り当てます。grid-template-rowsで各行の高さを「auto」と指定し、2行目のみを「1fr」と指定します。

```
.plan {
    display: grid;
    grid-template-rows:
        auto 1fr auto auto;
}
```

```
<section class="plans">
    <div class="plans-container">
        <div class="plan">
            <h3>Free</h3>
            <p class="desc">…</p>
            <p class="price">無料</p>
            <a href="#" class="btn">使ってみる</a>
        </div>
        <div class="plan">…</div>
        <div class="plan">…</div>
    </div>
</section>
```

(!) この設定は、横並びにしたアイテムを両端に配置するP.55と考え方は同じです。

画像の遅延読み込み

`<img>`のloading属性

画像 `<img>` の loading 属性を「lazy」と指定すると遅延読み込みが有効になります。遅延読み込みが有効化された画像は、ブラウザが必要と判断した段階で読み込まれるようになります。

たとえば、トップページのすべての `<img>` に「loading="lazy"」を追加すると、ページをロードした段階では記事一覧の画像が読み込まれなくなります。これらはページのスクロールに応じて読み込まれます。

```
<article class="post">
   <a href="#">
      <figure>
      <img src="img/news01.jpg" alt=""
       width="1000" height="750"
       loading="lazy">
      </figure>
      <h3> スパンコール </h3>
...
```

なお、遅延読み込みを設定する場合、P.168のようにレイアウトシフトを防ぐことが推奨されています。

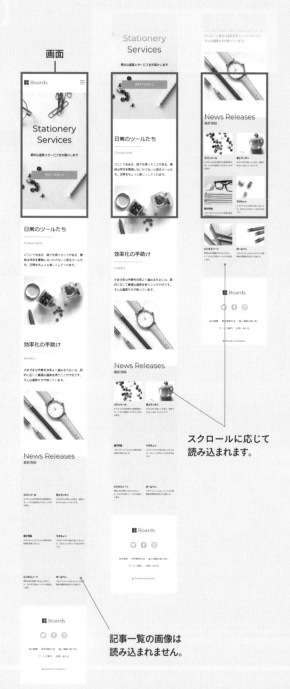

画面

スクロールに応じて読み込まれます。

記事一覧の画像は読み込まれません。

HTML&CSS
MODERN CODING

ナビゲーション

***

ヘッダーに表示したハンバーガーメニューのボタンを機能させ、ナビゲーションまわりを完成させます。

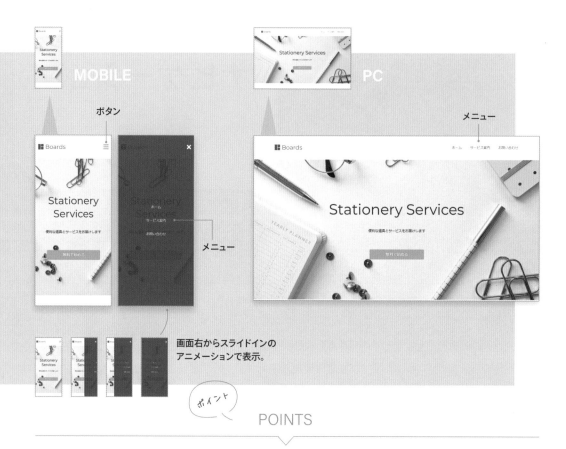

MOBILE

PC

ボタン

メニュー

メニュー

画面右からスライドインの
アニメーションで表示。

ポイント

POINTS

＋ パーツの構成

メニューと、メニューの開閉
を行うボタン（3本線のアイ
コンと×印のアイコンを表示
したもの）で構成します。

＋ レイアウト

メニューはモバイル版では縦
並びにして縦横中央に配置。
PC版では横並びにしてヘッ
ダーの右端に配置します。

＋ レスポンシブ

モバイル版とPC版のメニュー
の表示はブレークポイントで切
り替えます。

オーバーレイの形で表示するレイアウト

モバイル版のメニュー全体は半透明なオーバーレイの形にし、画面いっぱいに表示します。そのため、こうしたレイアウトに適した position を使って設定していきます。

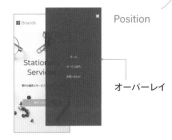

position で設定

Position

オーバーレイ

縦横中央に配置するレイアウト ＆
中身に合わせたサイズで横並びにするレイアウト

メニューを縦横中央に配置したり、中身に合わせたサイズで横並びにするレイアウトは Chapter 2 や 5 で使用したものです。Flexbox と CSS Grid のどちらでも設定できますが、メニューを複雑なレイアウトにする可能性は少ないと考え、ここでは Flexbox を使って設定していきます。

Flexbox で設定

Flexbox

STEP BY STEP　　　　　　　　　制作ステップ

メニューを開いたときの　　　ボタンでメニューを開閉させる　　　PC 版の表示を整えて完成
表示を整える

「ナビゲーション」はこう表示したい

ボタンの表示

➕ 3本線のアイコンを表示したボタンは、Chapter 1でヘッダーの右端に配置済みです。
このボタンをクリックしたらメニューが開くようにします。

➕ メニューが開いているときには×印のアイコンに変更し、閉じるボタンとして機能させます。
アイコンは Font Awesome を使って表示します。

メニューを開くボタン　　　　　　　　メニューを閉じるボタン

```
アイコン： times
サイズ： 30 ピクセル
色： 白色 （#ffffff）
```

スライドインのアニメーション

➕ メニューは画面右からのスライドインのアニメーションで開きます。

➕ 閉じる際には右にスライドアウトさせます。

ボタンをクリック。

画面右からスライドイン。　　　　　　メニューが開きます。

オーバーレイの表示

+ オーバーレイは画面いっぱいに表示します。
+ 半透明な黒茶色にして、ページが透けて見える
  ようにします。
+ 不要なスクロールが発生しないようにします。

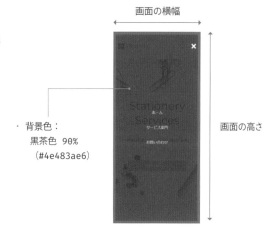

画面の横幅

画面の高さ

・ 背景色：
　黒茶色　90%
　（#4e483ae6）

モバイル版のメニューの表示

+ メニューは縦並びにして、オーバーレイの縦横中央に配置します。
+ リンクの間隔は 40 ピクセルにします。

メニュー

・ フォントサイズ： 16px
・ 色： 白色（#ffffff）

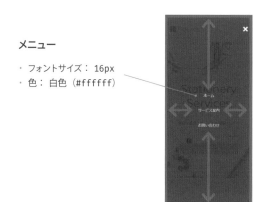

縦横中央に配置

↕ 40px

↕ 40px

✳✳✳

PC版のメニューの表示

+ メニューは横並びにして、ヘッダーの右端に配置します。 これにより、サイト名とメニュー
  をヘッダーの両端に配置した形にします。

+ サイト名とメニューはヘッダーのコンテナに入れ、他のパーツと横幅を揃えて左右に余白が
  入るようにします。

サイト名

メニュー ・ フォントサイズ： 16px
・ 色： グレー （#707070）

ヘッダーのコンテナ
（最大幅 1166 ピクセルで固定）

余白　　　　　　　　　　　　　　　　　　　　　　余白

40px　　40px

(!) モバイル版で使用するボタンは、PC 版では非表示にします。

ボタンは非表示

モバイル版とPC版の切り替え

＋ モバイル版と PC 版を切り替えるブレークポイントは、他のパーツと同じように 768px の画
面幅にします。

どうやって実現するか

以上を実現するため、ボタンとメニューはヘッダーのコンテナ内に追加し、配置やレイアウトを
コントロールします。オーバーレイの形にするときは画面全体に表示する必要があるため、コン
テナと関係なく配置の調整を行います。

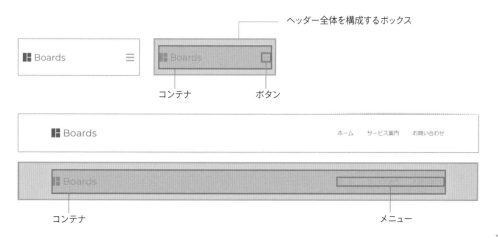

✳✳✳

8-1 メニューを追加する

✳✳✳

ナビゲーションまわりの設定はトップページで行い、あとからコンテンツページにも追加して仕上げます。そのため、トップページの index.html を開いてヘッダー <header class="header"> のコンテナ <div class="header-container w-container"> 内にメニューを追加します。

メニューは <ul><li> でマークアップし、全体を主要なナビゲーションの 1 つとして <nav class="nav"> でマークアップしています。すると、メニューが次のように表示されます。

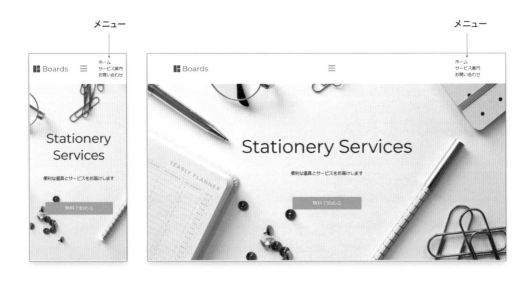

(!) ヘッダーのコンテナ <div class="header-container w-container"> では Flexbox を作成し、justify-content を「space-between」と指定しています。そのため、子要素のアイテム（サイト名、ボタン、メニュー）の間には均等に余白が入った表示になります。

Flexboxの構造。

```
...
<body>

<header class="header">
    <div class="header-container w-container">  ──────────────  コンテナ
        <div class="site">  ─────────┐
            <a href="index.html">
                <img src="img/logo.svg" alt="Boards" width="135" height="26">  サイト名
            </a>
        </div>  ─────────────────┘

        <button class="navbtn">  ──────────┐
            <i class="fas fa-bars"></i>
            <span class="sr-only">MENU</span>  ボタン
        </button>  ─────────────────┘

        <nav class="nav">  ──────────────┐
            <ul>
                <li><a href="index.html"> ホーム </a></li>
                <li><a href="content.html"> サービス案内 </a></li>  メニュー
                <li><a href="#"> お問い合わせ </a></li>
            </ul>
        </nav>  ────────────────────┘
    </div>  ────────────────────────
</header>

<section class="hero">
...
```

index.html

```
...
/* ヘッダー */
.header {
    height: 112px;
    background-color: #ffffff;
}

.header-container {  ──── コンテナに適用した設定
    display: flex;
    justify-content: space-between;
    align-items: center;
    height: 100%;
}
```

```
/* ナビゲーションボタン */
.navbtn {  ──────────── ボタンに適用した設定
    padding: 0;
    outline: none;
    border: none;
    background: transparent;
    cursor: pointer;
    color: #aaaaaa;
    font-size: 30px;
}

/* ヒーロー */
.hero {
...
```

style.css

293

8-2 メニューの表示を整える

✳✳✳

モバイル版のメニューを開いたときの表示を整えます。ここでは全体を半透明なオーバーレイの形にして、メニューを縦横中央に配置します。

なお、モバイル版のメニューの設定は複雑になるため、PC 版に影響を与えないようにします。設定はメディアクエリ @media (max-width: 767px) { 〜 } 内に記述し、画面幅が 767px 以下の場合に適用しています。

メニューを開いたときの表示になります。

```css
/* ナビゲーションボタン */
.navbtn {
    padding: 0;
    outline: none;
    border: none;
    background: transparent;
    cursor: pointer;
    color: #aaaaaa;
    font-size: 30px;
}

/* ナビゲーションメニュー：モバイル */
@media (max-width: 767px) {
    .nav {
        position: fixed;
        inset: 0;
        z-index: 100;
        background-color: #4e483ae6;
    }

    .nav ul {
        display: flex;
        flex-direction: column;
        justify-content: center;      P.86の設定
        align-items: center;
        height: 100%;
        gap: 40px;
        color: #ffffff;
    }
}

/* ヒーロー */
...
```

style.css

オーバーレイの形にする

<nav class="nav"> が構成するボックスをオーバー
レイの形にするため、background-color で背景色
を半透明な黒茶色 90%（#4e483ae6）に指定し
ています。

さらに、画面に合わせたサイズにしてページに重ね
て表示するため、position を「fixed」、inset を
「0」、z-index を「100」と指定しています。これで、
画面の上下左右から内側に「0」の距離に <nav
class="nav"> が構成するボックスの各辺を揃えた
表示になります。

重なり順は大きめに「100」と指定し、確実に他のパー
ツより上になるようにしています。

<nav class="nav">が画面
いっぱいに表示されます。

(!)　「inset: 0」では top、right、bottom、left の各値を「0」に指定しています。

メニューの表示

メニューは 3 つのリンク <li> を縦並びにして、縦横
中央に配置します。そのため、<li> の直近の親要素
<ul> に P.86 の「縦横中央に配置するレイアウト」
の設定を適用しています。ここではメニューを複雑な
レイアウトにする可能性は少ないと考え、Flexbox
の設定を適用しています。

リンクの間隔は gap で 40 ピクセルに、色は color
で白色（#ffffff）に指定しています。

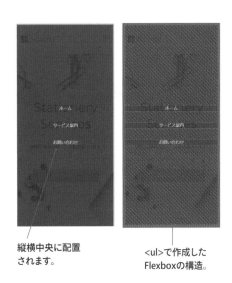

縦横中央に配置
されます。

<ul>で作成した
Flexboxの構造。

ボタンクリックでメニューを表示する

✳✳✳

メニューは標準では隠しておき、ボタンをクリックしたら画面の右からスライドインで表示するように設定します。なお、この段階では閉じるボタンがないため、開いたメニューを閉じることはできません。

ボタンをクリック。

メニューが表示されます。

```html
<header class="header">
  <div class="header-container w-container">
    <div class="site">
      ...
    </div>

    <button class="navbtn"
    onClick="document.querySelector('html').classList.toggle('open')">
      <i class="fas fa-bars"></i>
      <span class="sr-only">MENU</span>
    </button>

    <nav class="nav">
```

index.html

```css
/* ナビゲーションメニュー：モバイル */
@media (max-width: 767px) {
  .nav {
    position: fixed;
    inset: 0 -100% 0 100%;
    z-index: 100;
    background-color: #4e483ae6;
    transition: transform 0.3s;
  }

  .open .nav {
    transform: translate(-100%, 0);
  }

  .open body {
    position: fixed;
    overflow: hidden;
  }

  .nav ul {
```

どうやって実現するか

メニューの表示を実現する方法はいろいろとありますが、ここでは次のように設定します。

まず、メニューは右からのスライドインで表示するため、標準では右側の画面外に配置して隠しておきます。そして、ボタンがクリックされたら左側にアニメーションで移動させ、画面内に表示します。ボタンクリックでは <html> に「open」というクラスを追加・削除することで、メニューの開閉をコントロールします。

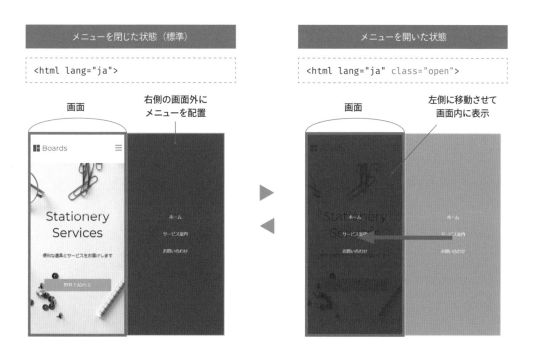

メニューを閉じた状態（標準）	メニューを開いた状態
`<html lang="ja">`	`<html lang="ja" class="open">`

右側の画面外に
メニューを配置

左側に移動させて
画面内に表示

標準の配置にする

標準ではメニューを右側の画面外に配置するため、<nav class="nav"> の inset で画面の
上下左右から内側への距離を「0 -100% 0 100%」に変更します。これで、画面の左から
100%、右から -100% の距離に <nav> が構成するボックスの左右が揃えられます。

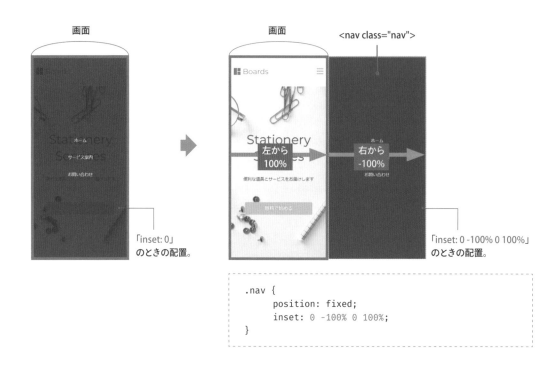

```
.nav {
    position: fixed;
    inset: 0 -100% 0 100%;
}
```

ボタンを機能させる

<button class="navbtn"> の onClick 属性で JavaScript を追加し、ボタンをクリックした
ら <html> に「open」クラスを追加・削除するように指定します。

```
<button class="navbtn"
onClick="document.querySelector('html').classList.toggle('open')">
  <i class="fas fa-bars"></i>
  <span class="sr-only">MENU</span>
</button>
```

スライドインでメニューを表示する

ボタンをクリックして <html> に「open」クラスが追加されたら、メニューを画面内に移動させます。

移動の処理は transform の translate() 関数で指定します。translate() 関数は <nav class="nav"> の中心を原点とした右方向がプラスとなる座標系を使用します。そのため、「translate(-100%, 0)」と指定し、<nav class="nav"> の横幅（100%）の分だけ左に移動させています。transition は「transform 0.3s」と指定し、0.3 秒のアニメーションで移動させます。
なお、移動の処理は <html> に「open」クラスがあるときの <nav class="nav"> のみに適用するため、セレクタを「.open .nav」と指定しています。

※insetを「0」にして画面内に移動させることもできますが、ここではinsetよりもアニメーションのパフォーマンスが高くなるtransformを使用しています。詳しくは下記のドキュメントを参照してください。

CSS プロパティのアニメーション
https://developer.mozilla.org/ja/docs/Tools/
Performance/Scenarios/Animating_CSS_properties

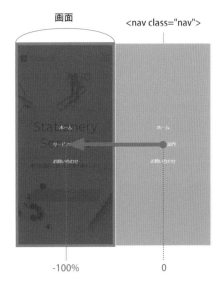

画面　　　　　　　　　<nav class="nav">

-100%　　　　　　　0

```
.nav {
    transition: transform 0.3s;
}
.open .nav {
    transform: translate(-100%, 0);
}
```

不要なスクロールが発生するのを防ぐ

オーバーレイの下でページがスクロールするのを防ぐため、<body> の position を「fixed」、overflow を「hidden」と指定しています。この設定は <html> に「open」クラスがあるときの <body> のみに適用するため、セレクタは「.open body」と指定しています。

```
.open body {
    position: fixed;
    overflow: hidden;
}
```

8-4 閉じるボタンを用意する

✳✳✳

閉じるボタンを用意して、開いたメニューを閉じられるようにします。

閉じるボタンをクリック。

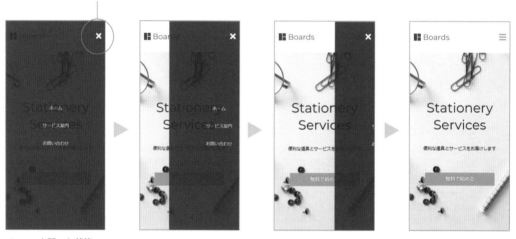

メニューを開いた状態。　　　　　　　　　　　　　　　　　　　　　　　　メニューが閉じます。

```
<header class="header">
  <div class="header-container w-container">
    <div class="site">
        ...
    </div>

    <button class="navbtn"
     onClick="document.querySelector('html').classList.toggle('open')">
        <i class="fas fa-bars"></i>          3本線のアイコン
        <i class="fas fa-times"></i>         ×印のアイコン
        <span class="sr-only">MENU</span>
    </button>
```

index.html

```
/* ナビゲーションボタン */              .navbtn .fa-bars {
.navbtn {                                display: revert;
    padding: 0;                        }
    outline: none;                     .open .navbtn .fa-bars {
    border: none;                          display: none;
    background: transparent;           }
    cursor: pointer;
    color: #aaaaaa;                    .navbtn .fa-times {
    font-size: 30px;                       display: none;
}                                      }
                                       .open .navbtn .fa-times {
.open .navbtn {                            display: revert;
    z-index: 110;                      }
    color: #ffffff;
}                                      /* ナビゲーションメニュー：モバイル */
```

style.css

ボタンを手前に表示する

STEP 8-3で追加したJavaScriptにより、メニュー
が開いた状態でボタンをクリックすると <html> の
「open」クラスが削除されます。そのため、ボタ
ンをクリックすればメニューを閉じることができる
のですが、メニューを開くとオーバーレイが重なり、
クリックできなくなります。

ボタンをクリックできるようにするためには、
<button class="navbtn"> の z-index をオー
バーレイの z-index よりも大きい値にして手前に
表示します。ここでは「110」に指定しています。
手前に表示したときのボタンの色は color で白色
（#ffffff）にします。

これらの設定はメニューが表示されているときに適
用するため、セレクタは「.open .navbtn」と指
定しています。

オーバーレイの下に
隠れています。

手前に表示されます。

ボタンをクリックす
るとメニューが閉
じます。

×印のアイコンを追加する

メニューを開いたときには3本線のアイコンではなく、×印のアイコンを表示するように設定していきます。

まず、ボタン <button class="navbtn"> 内に Font Awesome の×印のアイコン（times）を表示する設定 <i class="fas fa-times"></i> を追加します。設定は P.39 の手順で取得します。これで、ボタンには2つのアイコンが表示された状態になります。

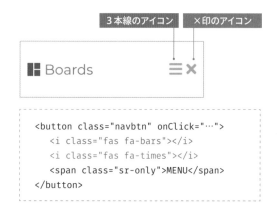

```
<button class="navbtn" onClick="…">
  <i class="fas fa-bars"></i>
  <i class="fas fa-times"></i>
  <span class="sr-only">MENU</span>
</button>
```

メニューの状態に応じて表示するアイコンを切り替える

メニューの開閉の状態に応じて、表示するアイコンを切り替えます。

3本線のアイコンはメニューが開いたときには非表示にするため、「.open .navbtn .fa-bars」セレクタで display を「none」と指定します。メニューが閉じたときには表示するため、「.navbtn .fa-bars」セレクタで display を「revert」と指定しています。これでブラウザ標準の設定になり、画面に表示されます。

3本線のアイコンが
表示されます。

3本線のアイコンが
非表示になります。

```
.navbtn .fa-bars {
  display: revert;
}
.open .navbtn .fa-bars {
  display: none;
}
```

×印のアイコンについても同じように設定します。こちらはメニューが閉じたときに非表示にするため、「.navbtn .fa-times」セレクタで display を「none」と指定します。メニューが開いたときには表示するため、「.open .navbtn .fa-times」セレクタで display を「revert」と指定しています。

×印のアイコンが
非表示になります。

×印のアイコンが
表示されます。

```
.navbtn .fa-times {
    display: none;
}
.open .navbtn .fa-times {
    display: revert;
}
```

メニューが開閉できることを確認する

設定ができたら、ボタンでメニューが開閉できることを確認します。以上で、モバイル版のメニューの設定は完了です。

ボタンをクリック。　　　　　　　　　　　ボタンをクリック。

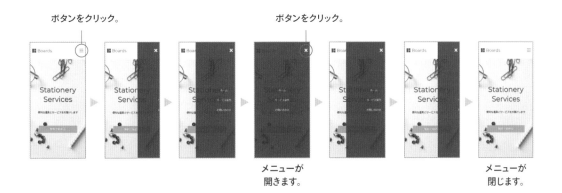

メニューが
開きます。

メニューが
閉じます。

PC版のメニューの表示を整える

***

PC版ではメニューを横並びにしてヘッダーの右端に表示します。PC版の設定はメディアクエリ @media (min-width: 768px) { ～ } 内に記述し、画面幅が 768px 以上のときに適用します。

メニュー

```
/* ナビゲーションボタン */
…
.open .navbtn .fa-times {
    display: revert;
}

@media (min-width: 768px) {
    .navbtn {
        display: none;
    }
}

/* ナビゲーションメニュー：モバイル */
@media (max-width: 767px) {
    …
    .nav ul {
        display: flex;
        flex-direction: column;
        justify-content: center;
        align-items: center;
        height: 100%;
        gap: 40px;
        color: #ffffff;
    }
}

/* ナビゲーションメニュー：PC */
@media (min-width: 768px) {
    .nav ul {
        display: flex;
        gap: 40px;
        color: #707070;
    }
}

/* ヒーロー */
…
```

style.css

ボタンを非表示にする

STEP 8-4 までの設定で画面幅を大きくすると、ヘッダーの中央にボタンが表示されます。ボタンは非表示にするため、<button class="navbtn"> の display を「none」と指定します。

ボタンが非表示になります。

メニューを横並びにする

メニューのリンク <li> は中身のテキストに合わせた横幅にして、横並びにします。そのため、<li> の直近の親要素 <ul> に P.204 の「中身に合わせたサイズで横並びにするレイアウト」の設定を適用します。ここではシンプルに横並びにできる Flexbox の設定を適用し、gap でリンクの間隔を 40 ピクセルに指定しています。
リンクの色は color でグレー（#707070）に指定します。

メニューが横並びになります。

Flexboxの構造

以上で、PC 版のメニューの設定も完了です。あとは、コンテンツページでも同じようにメニューの設定を行います。

コンテンツページのメニューを設定する

✳✳✳

コンテンツページのメニューもトップページと同じように設定します。STEP 8-5 までにトップページ（index.html）に追加した設定をコピーして、コンテンツページ（content.html）に追加します。

ヘッダーの内容は共通なため、<header class="header"> 全体をコピーして置き換えても問題はありません。

以上で、ページは完成です。

MOBILE ボタンをクリックすると、オーバーフローの形でメニューが表示されます。

PC

メニューが横並びになり、ヘッダーの右端に表示されます。

```
<header class="header">
    <div class="header-container w-container">                          ── コンテナ
        <div class="site">
            <a href="index.html">
                <img src="img/logo.svg" alt="Boards" width="135" height="26">
            </a>
        </div>

        <button class="navbtn"
         onClick="document.querySelector('html').classList.toggle('open')">
            <i class="fas fa-bars"></i>
            <i class="fas fa-times"></i>                                 ── ボタン
            <span class="sr-only">MENU</span>
        </button>

        <nav class="nav">
            <ul>
                <li><a href="index.html"> ホーム </a></li>
                <li><a href="content.html"> サービス案内 </a></li>   ── メニュー
                <li><a href="#"> お問い合わせ </a></li>
            </ul>
        </nav>
    </div>
</header>

<article class="entry">
...
```

content.html

画面幅を変えて表示を確認する

画面幅を変えると、ブレークポイントの画面幅 768px でメニューの表示が切り替わります。

オーバーレイの形で表示するレイアウト
positionで設定するケース

STEP 8-2で使用した設定です。\<nav\> が構成するボックスをオーバーレイの形にして画面いっぱいに表示するため、position を「fixed」、inset を「0」と指定しています。画面サイズを変えても、常に画面に合わせて表示されます。

\<nav\>の構成するボックスが常に画面に合わせたサイズで表示されます。

```css
.nav {
    position: fixed;
    inset: 0;
    z-index: 100;
    background-color: #4e483ae6;
}
```

```html
<nav class="nav">
    <ul>
        <li> … </li>
        <li> … </li>
        <li> … </li>
    </ul>
</nav>
```

inset の代わりに Ⓐ「top、right、bottom、left」や、Ⓑ「top、left、width、height」を使って指定することもできます。

Ⓐ
```css
.nav {
    position: fixed;
    top: 0;
    right: 0;
    bottom: 0;
    left: 0;
    z-index: 100;
    background-color: #4e483ae6;
}
```
top、right、bottom、leftで指定したもの。

Ⓑ
```css
.nav {
    position: fixed;
    top: 0;
    left: 0;
    width: 100%;
    height: 100%;
    z-index: 100;
    background-color: #4e483ae6;
}
```
width、heightで指定したもの。

画面外に配置する場合

STEP 8-3 で使用した設定です。画面外に配置する場合は inset の値を次のように指定します。

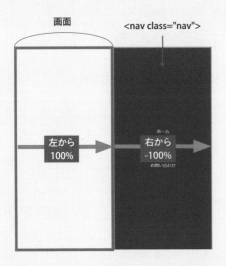

```
.nav {
    position: fixed;
    inset: 0 -100% 0 100%;
    z-index: 100;
    background-color: #4e483ae6;
}
```

Ⓐや Ⓑを使った場合は次のように指定します。

Ⓐ
```
.nav {
    position: fixed;
    top: 0;
    right: -100%;
    bottom: 0;
    left: 100%;
    z-index: 100;
    background-color: #4e483ae6;
}
```
top、right、bottom、leftで指定したもの。

Ⓑ
```
.nav {
    position: fixed;
    top: 0;
    left: 100%;
    width: 100%;
    height: 100%;
    z-index: 100;
    background-color: #4e483ae6;
}
```
width、heightで指定したもの。

ハンバーガーメニューのボタンのアニメーション

作成したページではハンバーガーメニューのボタンを Font Awesome のアイコンで表示しましたが、3本線のアイコンを CSS で作成し、アニメーションで×印に変化させることもできます。

ここでは「Hamburgers」というサイトで提供されている設定を利用して、作成したページのボタンに簡単にアニメーションを設定してみます。

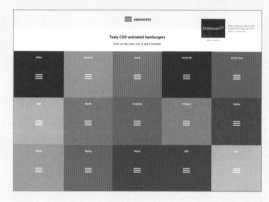

Hamburgers
https://jonsuh.com/hamburgers/

3本線のさまざまなアニメーションが用意されています。

アニメーションの設定を読み込む

「Hamburgers」のサイトの「Download」から設定をダウンロードし、ページに読み込みます。

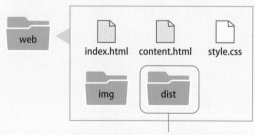

ダウンロードしたデータに含まれる「dist」フォルダを設置します。

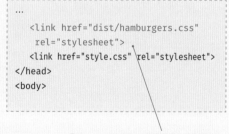

「dist」フォルダ内のCSSを読み込みます。

アイコンの設定を変更する

ボタンに表示するアイコンを Font Awesome から「Hamburgers」の設定に変更します。

```
<button class="navbtn"
 onClick="document.querySelector('html').classList.toggle('open')">
  <i class="fas fa-bars"></i>
  <i class="fas fa-times"></i>
  <span class="sr-only">MENU</span>
</button>
```

```
<button class="navbtn hamburger"
 onClick="document.querySelector('html').classList.toggle('open')">
  <span class="hamburger-box">
    <span class="hamburger-inner"></span>
  </span>
  <span class="sr-only">MENU</span>
</button>
```

アニメーションの種類を指定する

アニメーションの種類をクラス名で指定します。ここでは Stand に設定するため、「hamburger--stand」と指定しています。さらに、アニメーションの実行のため、メニューを開いたときにボタン <button class="navbtn"> に「is-active」というクラスを追加するように指定します。

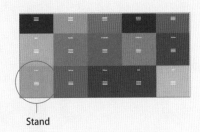

Stand

```
<button class="navbtn hamburger hamburger--stand"
 onClick="document.querySelector('html').classList.toggle('open');
          document.querySelector('.navbtn').classList.toggle('is-active');">
  <span class="hamburger-box">
    <span class="hamburger-inner"></span>
  </span>
  <span class="sr-only">MENU</span>
</button>
```

色を変更する

「Hamburgers」の標準の設定では黒色で表示されます。

作成したページで指定した色（モバイルではグレー、PC では白色）で表示するため、3 本線の background-color を「currentColor」と指定します。

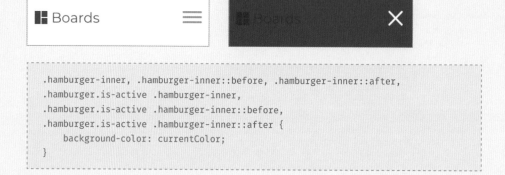

```
.hamburger-inner, .hamburger-inner::before, .hamburger-inner::after,
.hamburger.is-active .hamburger-inner,
.hamburger.is-active .hamburger-inner::before,
.hamburger.is-active .hamburger-inner::after {
    background-color: currentColor;
}
```

ボタンをクリックすると、次のようなアニメーションで 3 本線から×印に変化します。
以上で、設定は完了です。

各種オンラインチェックツール

モバイルフレンドリーテスト

作成したページがモバイルフレンドリーかどうか
をチェックできるツールです。Google によって
提供されています。

https://search.google.com/test/mobile-friendly

PageSpeed Insights

作成したページのパフォーマンスをチェックでき
るツールです。Google によって提供されてい
ます。

https://developers.google.com/speed/pagespeed/insights/

※P.168のレイアウトシフトの発生頻度もチェック項目に
入っています。また、適切なサイズの画像を使用する
方法の1つとして、P.246のレスポンシブイメージの
利用も提示されています。

HTMLの文法チェック

作成したページのマークアップに問題がないかどうか
を、HTML の文法に従ってチェックできるツール（バ
リデータ）です。HTML の標準仕様である「HTML
Living Standard」を策定している WHATWG で
紹介されています。
問題がなければ緑色のバーで「No errors」と表示
されます。さらに、「outline」を選択しておくと、見
出し \<h1\> ～ \<h6\> やセクショニング・コンテンツ
（\<section\> など）によって明示される文書構造も
確認できます。

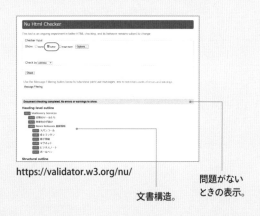

https://validator.w3.org/nu/

文書構造。

問題がない
ときの表示。

レイアウトを実現するCSSの選択肢とバリエーション

✳✳✳

レイアウト

各種設定

LAYOUT

INDEX

索引

***

INDEX

■著者紹介

エビスコム
https://ebisu.com/

さまざまなメディアにおける企画制作を世界各地のネットワークを駆使して展開。コンピュータ、インターネット関係では書籍、デジタル映像、CG、ソフトウェアの企画制作、WWW システムの構築などを行う。

主な編著書： 『HTML5 & CSS3 デザイン　現場の新標準ガイド【第 2 版】』マイナビ出版刊
　　　　　　 『Web サイト高速化のための 静的サイトジェネレーター活用入門』同上
　　　　　　 『CSS グリッドレイアウト デザインブック』同上
　　　　　　 『WordPress レッスンブック 5.x 対応版』ソシム刊
　　　　　　 『フレキシブルボックスで作る HTML5&CSS3 レッスンブック』同上
　　　　　　 『CSS グリッドで作る HTML5&CSS3 レッスンブック』同上
　　　　　　 『HTML&CSS コーディング・プラクティスブック 1〜7』エビスコム電子書籍出版部刊
　　　　　　 『グーテンベルク時代の WordPress ノート テーマの作り方（入門編）』同上
　　　　　　 『グーテンベルク時代の WordPress ノート テーマの作り方
　　　　　　 　　　　　　（ランディングページ＆ワンカラムサイト編）』同上
　　　　　　 ほか多数

■ STAFF

編集・DTP：　　　エビスコム
カバーデザイン：　霜崎 綾子
担当：　　　　　　角竹 輝紀

ツク　マナ　エイチティーエムエル　シーエスエス
作って学ぶ　HTML & CSS モダンコーディング

2021 年 9 月 20 日　初版第 1 刷発行
2024 年 4 月 1 日　　第 4 刷発行

著者　　　　　エビスコム
発行者　　　　角竹 輝紀
発行所　　　　株式会社マイナビ出版
　　　　　　　〒 101-0003　東京都千代田区一ツ橋 2-6-3 一ツ橋ビル 2F
　　　　　　　　　　TEL：0480-38-6872（注文専用ダイヤル）
　　　　　　　　　　TEL：03-3556-2731（販売）
　　　　　　　　　　TEL：03-3556-2736（編集）
　　　　　　　　　　E-Mail：pc-books@mynavi.jp
　　　　　　　　　　URL：https://book.mynavi.jp
印刷・製本　　株式会社ルナテック